心智·新思

妄想的悖论
人性中自我欺骗的力量

Useful Delusions
The Power and Paradox of the
Self-Deceiving Brain

［美］尚卡尔·韦丹塔姆（Shankar Vedantam）　著
　　 比尔·梅斯勒（Bill Mesler）
杨宇昕 译

中国人民大学出版社
·北京·

献给我的母亲，瓦特萨拉（Vatsala），我从她身上明白，在意志力面前现实也得低头。

——尚卡尔·韦丹塔姆

献给我的母亲，春尹（Chun Yun），一个从战争和饥荒中顽强生存下来的平壤小女孩，凭着意志力越过了大陆和海洋。

——比尔·梅斯勒

如果人们执意要相信一件事是真的，对它翘首以盼，将一切希望都寄托于它，并感觉因为它整个人生都变得更美好了，此种情况下，我们不去戳破，便是在欺骗他们吗？这难道不是一种仁爱、一种善意吗？

——玛格丽特·阿特伍德，《别名格蕾丝》

目录
CONTENTS

引 言 /i

第一部分　日常生活　/1

第一章　全都是套路　/3

第二章　一切都会好起来的　/18

第三章　疗愈的剧院　/31

第四章　看不见的手　/48

第二部分　寻找意义　/65

第五章　心中自有定论　/67

第六章　预测性推理　/99

第七章　彩虹之上　/118

第三部分　部落　/139

第八章　赴汤蹈火　/141

第九章　值得付出生命的事　/159

第十章　宏大的妄想　/177

尾　声　/198

致　谢　/209

注　释　/215

参考文献　/227

引 言

尚卡尔·韦丹塔姆

2011年冬天，我带着妻子和女儿一同去拜访好友。我们从华盛顿出发，一路驱车前往多伦多。沿途风景美不胜收，我们从阿勒格尼山脉郁郁葱葱的山脚下驶过，最后还得以一睹壮美的伊利湖和尼亚加拉瀑布。不过在那之前，我们先绕道去了匹兹堡，因为我要去见一名重犯。

我的家人们对此已见怪不怪，因为之前我们也去过。当时我去到戒备最森严的监狱采访了一个被指控谋杀的人，为了给我的书《隐藏的大脑》(*The Hidden Brain*) 取材。相较之下，这次要见的只是一个白领罪犯。美国法警署发布的通缉海报上称，他是一个叫作"爱之堂"（Church of Love）的"邪教性质组织"的创始人。简言之，他是个诈骗犯，犯下的案子堪称美国历史上最离奇、最新奇的诈骗案件之一。他的名字是唐纳德·劳里（Donald Lowry）。

我第一次注意到劳里是在几个月前，当时我正在读一篇晦涩难懂的学术论文。论文中提到了劳里案离奇的诈骗套路，作者将其干巴巴地描述为"极具创意的直邮项目"。出于好

妄想的悖论

奇，我去查了查。让我颇感意外的是，查到的信息可谓海量。如果你年纪稍长，看过或读过20世纪80年代末的新闻或报纸，你可能早已听说过"爱之堂"。当时劳里的案子甚至登上了《纽约时报》《洛杉矶时报》，以及好几家全国性杂志，还被四大电视台报道过。王牌评论员比尔·奥莱利和脱口秀主持人莫里·波维奇（Maury Povich）分别在《新闻内幕》（*Inside Edition*）和《当今时事》（*A Current Affair*）节目上采访过他。澳大利亚广播公司和法国发行量最大的周刊《巴黎竞赛》报道了整个审判过程。那场诈骗案也成就了福克斯新闻主播杰拉尔多·里韦拉（Geraldo Rivera）早期标志性的一集脱口秀。

劳里的故事离奇又耐人寻味。他是一个快秃顶的中年作家，住在美国中西部的一个小镇上。他假装成几十名不同的女性，以她们的口吻写情书，然后寄给成千上万的美国男人——也就是那篇论文中所谓的"极具创意的直邮项目"。他伪装成的每个女人都有各自的写作风格、文化水平和背景。这些信件虽被大批量印刷，却又有着鲜明的个人风格。劳里特意选择某些字体使信件看起来像是手写的，又专门挑选了色调雅致的信纸来印刷。这些信件女性口吻明显，有极大的误导性。收到情书的男人中很多会回信。他们在几周内、几个月内，甚至几年内对他们根本不存在的爱人掏心掏肺地诉说一切。很多人陷入了爱河，坚信自己找到了灵魂伴侣。他们寄出几十万美元给劳里，只为能继续收到信件。有人甚至在遗嘱里声明要把房产留给自己的灵魂伴侣，殊不知这个伴侣从来只存在于他自己的想象中。据联邦探员们估计，劳里诈骗到的钱财总额高达几百万

引 言

美元。他在伊利诺伊州莫林市中心坐拥一整栋写字楼来"办公",购置的数台大型印刷机供一个中型报社刊印也绰绰有余。他有五十名员工。在他被捕时,他名下已有二十辆车,其中不乏劳斯莱斯和捷豹。他还有一位全职私人汽车修理师。

诈骗大师的故事向来很吸引我。这类罪犯和赝品制造者一样,都富有传奇色彩,他们的故事往往是新闻报道的绝佳素材。但是劳里的案子稍有些不同,其中有一处令我感到难以置信:1988 年,劳里的勾当被揭发,他因为邮件诈骗罪在伊利诺伊州皮奥里亚接受审判时,一些订阅了他的情书的会员,也就是受骗者,也去到了那里——**去为他辩护**。一些人作证说,是"爱之堂"将他们从毒瘾和孤独中解救了出来——有两个会员说,是因为这些情书他们才没有自杀。一个男人在面对尽职保护像他这样的受害者的检察官时,厉声斥责道:"这个邮务稽查员毁了我的生活。"

这究竟是怎么回事?为什么骗局被揭穿后,**受害者反而选择出面为这位诈骗大师辩护?**就好像诈骗犯和受骗者其实是一条船上的人,双方其实你情我愿。带着这样的疑问,我和科学作家比尔·梅斯勒探讨了这个奇怪的故事。我们的对话为这本书的成形播下了种子。(虽然这本书是以我的视角写的,但它是我们共同合作的产物。)

我的好奇心逐渐转化为求知欲,我想了解自我欺骗的影响力——和矛盾性。这场探索之旅最终动摇了我的一些基本观点。在某个时刻,我突然意识到我其实早已和妄想、自我欺骗这类问题结下了深厚的缘分。我的书《隐藏的大脑》以及后来

妄想的悖论

衍生出来的同名播客和广播节目就是为了揭开层层谎言,去看清现实、成为最好的自己。认清心理错误和偏见的好处似乎不言而喻。我们在生活中已经见过太多谎言、诈骗和自我欺骗带来的恶果。每个人都希望自己能有辨伪去妄的能力。苏格拉底呼吁人们,**认识你自己**!众多哲学家和科学家告诉我们,从虚无中认清现实方为至善。改革家和变革家们奔走呼号:"真相会给你自由!"既然如此,我们又该如何看待唐·劳里情书骗局的受害者们在骗局曝光后反倒竭力维护的行为呢?

对此,福克斯新闻主播杰拉尔多·里韦拉以及其他报道了该案件的媒体给出了最浅显的答案:劳里案的受骗者都是一贫如洗的土包子,可怜又可悲。他们懦弱到就算发现自己被骗了也不敢为自己伸张正义。里韦拉在他的某期脱口秀中请到了"爱之堂"的某个会员、一个在劳里那里工作过的模特,还有一个帮忙写情书的助理作家。里韦拉在节目中准备了很多道具,包括一件质地轻薄的女士睡衣和一条蕾丝内裤,他把内裤拿在手中像挥旗子一样晃来晃去,不忘解说道,真是一个"精致的谎言"。

里韦拉拿起一封曾寄给"爱之堂"会员的情书,用矫揉造作的声音读了其中一节:

> 我好像就是为了此刻而活的。你的吻是那样热烈,但丝毫没有侵略性,不会让我害怕。我就这样躺在沙发上,你躺在我身边,几乎是要躺在我身上了。雨滴有节奏地打在屋顶上。晚风在上空低语。这个晚上就是爱的夜晚,是

引 言

我们的夜晚。

镜头转向了卡尔·康奈尔（Carl Cornell），一个84岁的阿肯色州男人，他是"爱之堂"的长期会员。里韦拉告诉观众，今天是康奈尔的生日，这次来到纽约的演播室是他第一次坐飞机出行。杰拉尔多对情书骗局嗤之以鼻的时候，康奈尔只是耐心地听着。等他终于有机会发言时，他的眼睛一下子充满了怒火："我来这儿是因为你给我付了机票钱。我要是早知道你们做的是这样的节目，我就不会来了。"

杰拉尔多试图安抚他的情绪，但是康奈尔什么也听不进去："我到这儿来是要告诉人们真相的，可你们根本不给我说出真相的机会。"

"卡尔，我并不想伤害你的感受，我只是在讲述事实。"里韦拉说。

"你不是在伤害我的感受，"康奈尔回答道，"你是在伤害我的朋友。"

在我第一次读到"爱之堂"的故事时，我也是按刻板印象看待这个案件的：劳里是一个精明的诈骗犯，那些受害者是轻易上当受骗的傻瓜。但是，当我采访了几位"爱之堂"会员、读了他们在庭审时的证词，又在2011年采访了劳里本人，继而又读了医学、心理学和经济学领域的几百篇学术论文后，我动摇了。一方面，我开始注意到，这些会员表现出的自我欺骗以及劳里案中双方**两相情愿**的现象并非只此一例。类似的案例还有很多。只不过大部分没有这么戏剧化。很多事例看上去并

妄想的悖论

无不妥——没有人会说这是诈骗，或是说应该把这个人告上法庭。但所有的事例都表现了欺骗者和受骗者关系的复杂性。这些欺骗和自我欺骗有时很明显，但更多时候，是隐晦的、心照不宣的。

　　这类例子的普遍性促使我重新思考了另一种基本假设：我问我自己，有没有可能，至少对于某一部分会员来说，"爱之堂"其实**真的**为他们提供了有价值的服务？但转念一想，这应该不太可能吧？这就是一场骗局。可是，有些会员说那些情书救了他们的命，让他们没有染上毒瘾或是去寻短见，这又该怎么解释呢？我的脑海中闪现了一个我自己都不敢相信的念头：自我欺骗有没有可能产生**积极的**影响呢？无独有偶，这一次，我又找到了大量的例子。我意识到，人们之所以执着于错误的信念，其中一个原因就是**自我欺骗有时可以起到帮助作用**——它能使我们实现有用的社会、心理及生物学意义上的目标。有着错误的信念并不总是意味着愚昧、病态或是邪恶。

　　自我开始对我的假设产生疑问时，理性的庙宇开始一丝丝开裂。我注意到欺骗者和自我欺骗者的合流不仅仅是一种普遍存在的现象，在很多时候它还是一种有实际功用的做法，甚至在有些时候是必不可缺的。它可以帮助维护我们的人际关系，推动团队的成功，甚至能预测我们的寿命。

　　我逐渐意识到，只相信我们愿意相信的，只看到我们愿意看到的，这种行为与其说是人们心态或智力的映射，不如说是我们对环境做出的反应。不去自我欺骗不仅仅是受教育和有智慧的表现——它代表着一种**特权**。你不相信圣诞老人或是童贞

引 言

女之子（the Virgin Birth）存在，是因为你不需要靠相信这些来活下去。你的物质世界、精神世界和社交圈给你提供了其他的安全网来满足你在物质和心理上的一切需求。但是，一旦你所处的环境恶化了，你生活的支柱开始弯曲、摇晃，你的心智就会成为各种自我欺骗想法的温床。正如那句话所说，散兵坑里没有无神论者。

我们与真相的复杂关系的核心，是一个两难的困境：我们要有希望才能活下去，但是世界有无数种方法来剥夺我们的希望。对于世上的大多数人来说，不去自我欺骗就等于任由自己堕落、陷入绝望。当你后退一步，让视野更宽阔时，这一点就会再清晰不过：如果我们把地球上所有的生物都放在一个时间轴上，假设这个时间轴有一百码①长，人类就是从离末端八分之一英寸②的地方开始出现。人类的全部历史——每个王朝的兴起与衰落，每首曲子，每本书，人类总结出的每一条百科知识——只是坐标轴上的一个小点。如果再后退一步，不是将人类与地球上的其他生物做比较，而是将地球与宇宙做比较，那人类就会变得渺小如尘埃：在地球所在的星系中有一千亿个星球，地球只是其中一个，而这个星系又只是两万亿个星系中的一个。人类只是浩瀚宇宙中再渺小不过的一部分。而我们每个个体呢？那就又是很多个数量级的差距了。

读到这儿你有何感受？每每感受到时间和空间的漫长与浩

---

① 1 码约合 0.91 米。——译者注
② 1 英寸约合 2.54 厘米。——译者注

瀚都会让我们讶异得合不拢嘴。但同时，意识到自己的微不足道也会使我们感到恐慌和沮丧。因为这意味着在不远的将来，我们就会离开，会被遗忘，地球上再无我们的痕迹。事实就是，我们每个人都微不足道、渺小易逝。

这种心态显然不利于我们的生存和基因的延续。如果想要生存下去，想要造福子孙后代，注定要像西西弗斯一样日复一日地将巨石推上山顶的话，觉得自己无足轻重、微不足道的想法对我们就不会有丝毫助益。这也就是为什么，在世界上的每种文化里，人们都会怀揣着某种信仰，这种信仰告诉人们，生命是有目的、有意义的。国家和部落让我们相信，成为集体的一部分能让我们实现超越，不再是渺小易逝的个体。几乎每种宗教都有关于人死后会发生什么的说法。要找出这些说法的漏洞其实易如反掌，因为它们要么逻辑不通，要么太过牵强附会。诸如理查德·道金斯所著的《上帝的错觉》(*The God Delusion*) 一类的书建议我们，要无畏地直视虚无，去接受平淡是人生的常态这一事实。但这恰恰忽视了真正的问题：大部分人并没有牛津大学教授一样的资质和涵养，并不能冷静地看待自己无足轻重这一事实。几年前，我去到牛津，在道金斯的家里采访他时向他问道：先抛开宗教的各种说法是否真实这点不谈，如果一个人正经受着巨大的痛苦，而某种宗教信仰中有关来世的说法让他有了力量去承受今生的苦难，我们也要剥夺他从信仰中获得的慰藉吗？道金斯沉默不语。你或许会认为病入膏肓的人不应该有人死后会去到天堂这种不切实际的幻想，20多岁时的我也是这么想的。这没什么问题。但是要记住：

引言

如果自我欺骗是**有用的**，那么不管各种畅销书如何抨击批判，它都会一直存在。

举一个最简单的例子——你看这本书时正在使用的器官：每一秒，人类的眼睛都会捕捉到大约 10 亿比特的信息。这些数据经过一千倍的压缩后，只有 100 万比特会经由视神经输送到大脑。而大脑只会存储其中 40 比特，然后将其余的全部丢弃。正如认知心理学家和作家唐纳德·霍夫曼（Donald Hoffman）解释的那样，这就好像是拿到了一本书，然后把全部内容压缩成一篇导读，再把这篇导读中几乎所有的内容都删掉，最后只留下封面上的简介。

这个例子中神奇的部分不是你的大脑每时每刻都在完成将一本书压缩成一条简介的工作，而是你的大脑会让你产生**错觉**，让你觉得自己看到了所有，让你觉得你读完了整本书。一位设计师可能会说展现在大家面前的是宏大的幻象——我们认为自己看到的和现实本身其实相差甚远。但是我们大部分人会说，呃，我感觉，好像没有什么幻象。事实证明，我们的眼睛和大脑是有充分的理由将信息进行过滤的。看清事实只会令我们的生活更糟，而不是更好。我们的眼睛和大脑不是为了真实性，而是为了功能性而存在的。事实也表明，丢弃掉 9.999 999 6 亿比特的信息是非常有用的。

这种发生在视觉信息处理中的现象几乎在我们精神生活的各个部分都能看到。我们自认为我们在看见、听见和吸收真实信息，但往往并非如此。事实表明，就像我们的眼睛一样，任何领域将功能性置于真实性之上都是有充分依据的。没错，这

妄想的悖论

样一来你会不了解真相，但是这会让你实现真正的目标：大脑的存在是为了让你生存下去，帮助你寻找机会，和伴侣以及朋友相处，将下一代抚养成年，避免陷入绝望。从进化的角度来说，客观事实不仅算不上目标，它甚至连通往目标的道路都算不上。

西格蒙德·弗洛伊德曾经将人类的大脑比作罗马城。他说，大脑就像城市一样，也是有层次的，每一层都建立在上一层之上。弗洛伊德提出的很多观点被神经科学和心理学推翻了，但是这个观点确实道出了一条真理。作为漫长进化的产物，人类大脑的**各个部位**是几百万年间一层一层地出现的。有的部位是全新的。有的是最早发展出来的。比如说，让人类产生恐惧情绪的脑回路，和早于人类几百万年进化出的物种管理恐惧的脑回路几乎是一样的。我们的大脑会复制——或者说**保留**——曾帮助我们的祖先存活下来的系统。最后进化出来的理智脑——相当于一座古老城市中最新的建筑物——是其他物种所没有的。我们能预测和想象在遥远的未来会发生什么。我们能实施长远的计划，即使要几十年之后才能看到最终结果。我们能运用逻辑和理性思维，这是任何其他物种都不能做到的。比如说，当科学仪器显示现实并不像它表面看上去那样时——地球虽然看起来是平的但其实是球形的——我们就会否决**直觉**，去推崇我们的**客观真相**。这种最新进化出来的心智让我们感到自豪——我们也确实应该为此感到自豪。有了它，我们才能取得科技方面的各种成就，才能建立起有自我调节能力的稳

引言

定的政治体系，才能开创出艺术和哲学领域。

但是，最新进化出的理智脑也让很多聪明人陷入了误区——逻辑和理性就是**一切**。有很多人认为——在很长一段时间里我也认为——如果一切问题都能用理性解决的话，我们的世界就会变得更好。这种世界观忽视了一点，我以前也忽视了，那就是逻辑和理性或许代表着我们心智能力的巅峰，但它们只是一个更大的古老城市最顶层最新的建筑物。在那之下的旧城市，我们往往看不见它，但它依然存在。不仅存在，它还在生存、繁衍、适应等许多方面扮演着重要的角色。看不见的这部分城市像一条边界线，分隔开了我们看到的和我们没看到的。如果说理性和逻辑告诉我们该怎样玩游戏，那这个看不见的城市就是游戏规则的制定者。先有了它，理性的摩天大楼才能拔地而起。古罗马城虽然已经被埋葬在废墟之中，但它是现在的罗马的蓝图和地图。相信理性和逻辑就是一切，就相当于在看到一个伟大的城市时，只看到它的现在，没有看到它的过去，更没有意识到没有过去就不会有现在。

本书的观点是，如今在很多领域，尤其是在那些文化、理性和逻辑被非理性、部落制和偏见围剿的领域，我们能看到其中映射出的人类大脑中不断上演的拉锯战。理性和非理性就像现代与传统一样，不断地发生矛盾和冲突。当理性试图取代一切，**摩天大楼试图取代整个城市时**，叛乱就会出现。因为人类的繁荣很大程度上都依赖于古老的大脑部位的运作。无论理智脑怎样蔑视其他非理智的大脑部位，这些新旧部位紧密相连都是不容置疑的事实。我们不能将两者分开，就如同我们不能在

妄想的悖论

摧毁了下水道、电网和供水系统后还期望着城市能继续孕育出伟大的戏剧作品和科学发现。

逻辑和理性似乎很少能有效消除迷信、妄想和阴谋论，那是因为"新罗马城"和"古罗马城"讲的是不同的语言。这两个城市有不同的价值体系。他们有不同的认知方式。当理性的大脑声称自己掌握了一切答案时，它最后往往会被误解、低估或是无视。要想创造出一个全人类共同繁荣的世界，我们就必须借助理性和科学的力量，但同时我们也必须运用逻辑的洞察力，利用我们大脑中倾向于叙事、符号的一面——以及自我欺骗。

有相当多的书讨论了妄想和自我欺骗的负面影响。其中很多本写得很好。那些作者写这些书，是因为看到了自我欺骗造成的可怕的负面影响。他们看到了上当受骗会对政治、经济和人际关系造成什么样灾难性的后果。我和他们一样，会为人们因为欺骗和自我欺骗付出的惨痛代价而担忧。我并不是要反对理性——也不是为诈骗犯、招摇撞骗的人和撒谎的人开脱——而是想要声辩，自我欺骗会使人们走向毁灭并不等同于它不能帮助保障我们的幸福。同样，理性能帮助我们看清未来也并不意味着仅凭这两点就足以保障人类的幸福。

与其彻底铲除自我欺骗以及与之相关的一切，我们不如仔细想想它能产生什么影响，以及我们怎样可以让它为我所用。换言之，我们不应该执着于分出真假，而是将目光投向更复杂的问题：自我欺骗的结果是什么？它能帮助哪类人？好处是否会大于坏处？

引言

要说这本书能给各位读者带来什么益处,我希望它至少能让大家意识到,很多时候是自我欺骗给了大家生活下去的力量。就算你的目标是与自我欺骗抗争,你也要先了解它巨大的影响力。我们不仅仅是在与诈骗犯、与阴谋论者和煽动民心的政客们斗争。我们还在与自己斗争。我们的心智不是为了看到所有事实而存在的,它会让我们看到筛选后的事实,推动我们朝着既定目标迈进。它甚至还同时让我们产生**错觉**,以为自己看到的就是全部事实。即使我们被欺骗着只看到了会对集体、家庭和我们自己有利的事实,我们也会相信我们在清晰地思考,理智地行动——以及在为真相而战。本书第一部分的四章内容通过列举日常生活中的例子来探讨这个观点。第二部分包括有关"爱之堂"事件更翔实的叙述——并以此为案例来探讨自我欺骗在人们的浪漫关系和意义寻求中的价值。第三部分探讨了欺骗和自我欺骗是如何让我们组建起社区、部落和民族或国家的。

那些使"爱之堂"的会员们难以看清现实的心理因素其实在生活中非常普遍。我们读着他们的故事,或许会觉得自己不会像他们那样轻易上当受骗。这是因为生活还没有像试炼他们一样来试炼我们。换句话说,我们没有成为那些可怜又可悲的人,不过是因为我们多了几分运气罢了。

第一部分

日常生活

第一章
全都是套路

> 我总是对一个我根本不高兴认识的人说"很高兴认识你"。不过,如果你想活下去,你就得说这些话。
> ——杰罗姆·大卫·塞林格,《麦田里的守望者》

对于豪尔赫·特雷维诺(Jorge Trevino)来说,说谎就像呼吸一样自然。一提到"说谎的人",我们常常会联想到险恶的阴谋家,就像莎士比亚在《奥赛罗》中描写的伊阿古一样,他们躲在阴影中窃声低语,用真假参半的谎言蛊惑人心。但特雷维诺绝对不是这种人。他为人友善、温和,极具亲和力。他的高情商让他浑身上下都散发着魅力。他的这种特质很大程度上是天生的——他一直都是个喜欢交际的人。但同时也可以说,这是他三十多年来在服务业里摸爬滚打给磨炼出来的。

特雷维诺出生在墨西哥的一个边境城镇,马塔莫罗斯。他在丽思卡尔顿酒店工作。一开始,他只是得克萨斯州休斯敦分

妄想的悖论

店的员工休息室里一个打零工的。经过多年打拼，他晋升到了管理岗，担任过加州拉古纳比奇分店的客服总监。之后又跳槽到奢华精品酒店金普顿，最终去到凯悦酒店担任品牌运营执行副总裁。他大部分时间是在全球各地新开的分店里做员工培训。

培训时必不可少的一环就是教会新员工怎样从细枝末节的事情入手让顾客感受到被重视。特雷维诺说："有时你要做的可能就是在走廊里相遇时说一句简单的'早上好'。"重要的是要展现出温暖、真诚和慷慨，要时刻保持友善，就算你当时心情差到了极点，完全不想这么做。特雷维诺把这叫作"为人处世之道"（the people thing）——要让顾客在任何时候都能感受到被关心，不管当时具体是什么情况，不管你当时心情如何。简言之就是，"欺骗"。

或许某个餐厅的服务员确实与顾客结下了特别的情谊。又或许某个飞机乘务员是发自内心地称赞你是个非常有魅力的人。但即便是最友好的人也不可能做到像服务业的工作人员一样时刻保持着"真诚的友善"。"这是没有尽头的。"特雷维诺说，"我觉得大多数人没有办法理解一天要在那种状态下'待机'长达八个小时、十个小时、十二个小时有多难。"

他还补充说道，要想在服务业做到尽善尽美，就要学会温和地对待所有人，就算对方非常暴躁、一点道理也不讲。这真的比登天还难。"顾客们的期望值都很高，他们不满意的时候就会把怒火发泄到你身上。"遇到这样的情况时有一些处理的小技巧，比如说在一个顾客火冒三丈时要想办法让他坐下来。("因为,"特雷维诺解释说,"站立时人很容易调整到拳击姿势。")但最重要的一点是,要始终保持礼貌,要表现出同理心,就算你当时"只想一拳砸在他脸上,跟他说'给你脸了'"。

有一次,特雷维诺帮丽思卡尔顿休斯敦分店的经理代班,那时正值1992年共和党代表大会,一个据他描述"大块头,火气非常大的得克萨斯人"抓着他的衣领差点把他从柜台另一边拽出来(特雷维诺本人有一米七。)"我刚给他们安排了一个司机和一个专职司机,"他说,"然后我又不得不承诺会给他们提供香槟和橙汁。"

现在回想起来,特雷维诺已经可以笑着讲述那次经历。但另一次经历他怎么也无法释怀,仅仅是回想一下就让他"非常气愤,非常难过",要刻意忍耐才能不让眼泪流出来。那是他在丽思卡尔顿旧金山分店做客服总监的时候。一对来自英格兰的夫妻来办理入住,但是之前答应留给他们的房间没有了。特雷维诺想办法为他们安排了旧金山另一家豪华酒店费尔蒙的房间,请他们在那里暂住一晚。"那天特别早,"他说,"我把他们请上车,一辆面包车。我坐在前排副驾,跟他们说:'我们为您安排了旧金山另一家最好的酒店。'突然我感觉我脖子上被吐了口水。我记得我当时拿纸巾把脖子擦干净。然后什么也没说,只是不停地道歉,向他们表示歉意。我跟他们保证等他们第二天回到酒店时,他们可以享受一个半小时的按摩理疗。"

心理学家和社会学家都公认在这种情形下压抑自己的情绪非常困难。麦当劳得来速汽车餐厅负责接收订单的员工、在拥

妄想的悖论

挤的飞机上应付愤怒的乘客的乘务员、当你躺在泳池边恭敬地为你端来插着小伞的饮品的服务员,他们的工作已经超出了劳动的范畴,属于"情绪劳动"。

  人们大都认为礼貌的客户服务是件值得称赞的事。(的确是。)但我们没有注意到的是,随之发生的还有服务提供者的无数种欺骗行为,以及接受服务的人的自我欺骗。这也同样发生在日常个人礼仪行为当中,只不过客户服务是一种更专业的版本。我们从小被教导说话要讲礼貌,发生冲突时要学会通过言语来缓和矛盾。在幼儿园,老师会告诉小朋友们:"如果你说出来的话会让别人不开心,那就不要说出来。"比如,老师会告诉萨拉不要对杰夫说出她对他的真实看法,好让杰夫能继续自我感觉良好。在婚姻治疗中,心理咨询师会告诉争吵的夫妻们去练习"慢慢地"开启对话。比如,如果你觉得你的伴侣做了件很混蛋的事,你应该说:"特雷弗,我想告诉你我很爱你,也很感谢你为我做的一切,但是有的时候你做的事情真的让我觉得很难过。"很多时候都是多亏了当事人能用幽默、恭维和友善化解分歧,才有了我们看到的和睦景象。正如摇滚乐队佛利伍麦克(Fleetwood Mac)低声吟唱的那样,**欺骗我吧,用甜蜜的谎言欺骗我吧**(Tell me lies, tell me sweet little lies)。我记得我小时候读过的书中是这样介绍礼貌的重要性的:"你觉得'套话'不重要吗?""要知道,套话就像轮胎的胎体一样,有了它吸收震动,你才不会觉得那么颠簸!"

  很明显,客服人员的专业礼节和日常人际交流中的套话其

第一章　全都是套路

实都是细小的谎言。但是这些细微的欺骗和自我欺骗中包含的心理因素和更恶劣的诈骗事件中的心理因素其实是一样的。了解了它们，我们就能明白这些心理因素的变化会如何影响我们的思维和行为。特雷维诺工作的酒店为顾客们营造了这样一种假象——他们是值得被珍视、被欣赏、被关爱的人。不管那些顾客本身有多讨人厌、多不讨人喜欢，不管他们的孩子多调皮捣蛋，他们都觉得自己获得"微笑服务"是理所应当的。

特雷维诺的顾客们期待的假象，除了他们会获得关怀备至的服务以外，还包括一点，就是这一切不是因为他们出了钱。服务业中的很多人会绞尽脑汁地想办法将他们与顾客间这种金钱交易的关系含混过去。几年前我和家人一起去迪士尼乐园的时候，前台带着米奇耳朵的服务员给我们每个人发了一个手环。这些手环叫作"魔法手环"（MagicBands）。如果你想买东西，你只需要像魔术师一样挥一下你的手就可以了。这些手环绑定了我的信用卡。在宣传手册里，迪士尼不会告诉你这些手环是一种付费方式，你的钱会悄无声息地溜走，成为它几十亿美元产值的一部分。手册上只会说："让魔法手环为你的假期增添一抹魔法。"很多餐厅，尤其是高档餐厅，基本不会告诉你你的开销是多少。你用完餐后，服务员不会来说跟你说："您好，您总共消费 87 美元 55 美分。"你的账单会被藏在皮质账单夹中。优步和来福车这样的网约车软件更是将支付环节进行得神不知鬼不觉——从你约车、上车，到下车，整个过程都不会有拿钱包的必要，甚至不会谈到给钱这件事。

在个人情况中，你只消留意一下为了缓和矛盾而付出的情

妄想的悖论

绪劳动，就能明白为什么结婚多年的夫妻会告诉你婚姻是**需要经营的**。朋友或同事之间有时看起来关系比夫妻还要融洽，是因为朋友和同事往往会尽力避免使对方不高兴，或是触到对方的雷区。（讽刺的是，朋友之间争吵的代价比夫妻争吵的代价更高：朋友间的一次分歧就能使友谊走到尽头。）想要维持友谊的人们通常会更慷慨地接纳别人的观点，对别人不吝赞美，指责的话也是反复斟酌后才说出口。这每一件事都是一方在欺骗，另一方在自我欺骗。

一提起谎言，我们想到的通常是弥天大谎，那些位高权重者的谎言。可以说20世纪下半叶的美国历史就是由一连串这样的谎言组成的：林登·约翰逊的北部湾事件；理查德·尼克松的水门事件；比尔·克林顿的电视声明——"我和那位女士没有发生过性关系"；科林·鲍威尔的联合国发言——美国掌握了可以证明伊拉克有大规模杀伤性武器的铁证；唐纳德·特朗普对巴拉克·奥巴马总统出生证明的质疑。

但是更普遍的谎言和欺骗其实是被我们当作社会生活一部分的细枝末节的事情。这在我们的日常对话中随处可见。哈维·萨克斯（Harvey Sacks）是"会话分析"（conversation analysis）的创始人，在1975年发表的名为《每个人都必须撒谎》（Everybody Has to Lie）的论文中，他详细列举了日常生活中大量的谎言。比如，对于最基本的问候"你最近怎么样啊？"，其实问的人并不真的想知道，回答的人也不用如实回答。

我们就算一点也不在乎对方今天会过得怎么样，也会说"祝你度过愉快的一天"。就算晚饭特别难吃，我们也会说"今

第一章 全都是套路

天的晚餐真好吃"。"你今天能来我真是太高兴了"其实是"谢天谢地这个漫长的晚上终于结束了!"。这些谎言是约定俗成的不成文的社交规则。孩子们如果在社交场合中没说客套话,之后就会被父母批评一顿。萨克斯发现,在很多情形下,撒谎比说真话更常见。

想象一下要是没有了这样的谎言这个世界会是什么样的。在下面的表格中,左边一栏是按照社交礼仪进行的星期一,右边一栏则是你的真心话。

你说出来的 (起"缓冲作用"的套话)	你的内心活动 (也就是真实想法)
早上好,亲爱的!	你帮我冲咖啡了吗?
(对邻居说)今天天气真好!	完了,我又忘记他叫什么了。
(电梯里)能麻烦你帮我按下六楼吗?	六楼!六楼!没听见吗?!
同事:你周末过得怎么样? 你:挺好的。	我得再喝点咖啡才能继续这种毫无意义的对话。
同事:我做了一个特别有意思的梦。 你:真的吗?什么样的梦?	天哪,又开始了!
谢谢你的参与。	你还在这工作呢?
(在食堂吃午饭)来跟我们一起吧。	离我远点。
抱歉,那份报告是我没完成好。	你有什么要求不能早点说清楚吗?非得让我写了三遍。
(对同事说)祝你度过一个愉快的夜晚!	赶紧下班。
(跟你的孩子说)一定是考得太难了,宝贝。	你要是用心学了,还会只得个C吗?
晚安,亲爱的!	(什么都不想说,只想自己待会儿)

妄想的悖论

在喜剧小品《基和皮尔》中，演员基根－迈克尔·基（Keengan-Michael Key）和乔丹·皮尔（Jordan Peele）有一个常驻环节，他们其中一人会扮演我们在电视上看到的奥巴马总统——冷静自持、彬彬有礼——另一人则会扮演奥巴马无法控制住怒火的第二人格"卢瑟"（Luther）。在2015年的白宫记者晚宴中，我最喜欢的部分就是奥巴马总统和基根－迈克尔·基共同出演的喜剧小品，其中，奥巴马说一句，基就会说出假想的他的内心想法。

奥巴马：现在的世界日新月异，像白宫记者晚宴这样的传统非常重要。

卢瑟：认真的吗！这晚宴是什么鬼？我为什么要来这儿？

奥巴马：因为，虽然观点不一致，我们还是需要媒体为我们解读当下亟待解决的问题。

卢瑟：我们需要福克斯新闻的瞎话来吓唬吓唬那些白人老头老太太！

民主党和共和党对唐纳德·特朗普的一条共同批评就是他说话口无遮拦。如果他认为过境来到美国的墨西哥人是强奸犯，他就会这么说出来。当然，这种行为换句话说就是"坦率"。你和特朗普说话的时候根本不用揣度他是什么立场，因为他在一连串的推特、对别人的侮辱和夸张言论中已经将他的想法展露无遗。很长一段时间，美国人民都梦想能有一位"真实的"总统。但是在特朗普执政期间，大部分民主党人，以及不在少数

第一章 全都是套路

的共和党人,都希望能在特朗普的脑子和嘴之间安一个滤网。特朗普越是笃定相信的观点,他们越是希望他能闭上嘴巴。

大部分传统的政治家很擅长这类欺骗。他们会根据听众的需求调整自己的观点。实验表明,普罗大众也会这么做。如果你告诉人们一些不同的信息,然后让他们去告诉另一个人,大家都会选择只说出那些更符合听众之前认知的信息。社会心理学家 E. 托里·希金斯(E. Tory Higgins)发现,这种欺骗和自我欺骗——讲者想要取悦听众,而听众也更欣赏那些和他们有一致观点的讲者——是通过一种特别的调整实现的。在专门选择要分享哪些信息之后,讲者会相信他们要传递的信息就是他们自己真实相信的。希金斯把这叫作"听众微调"(audience tuning)。也就是说,整件事情并不是政客专挑我们想听的讲那么简单。在说出我们想听的话时,政客们也会逐渐认为**这就是他们一直以来的观点**。有这样一种理论,人们会逐渐相信自己说出的谎言,这反过来又让他们能更有效地去骗别人相信,这种趋势是人类自我欺骗的进化起源。(如果一个生物更擅长欺骗,它就会比竞争者有更多优势。)这种将政客和他的听众"同步"的心理因素在两者有较强联系的时候,其力量最为强大。这听起来是不是很荒谬?没错。但是从我们的社会目标和情绪目标来看,这是不是很有用?毫无疑问。人类进化成了群居物种,因此我们生来就会调整自己的观点来配合周围人的看法,好能融入集体之中,这一点并不奇怪。

最擅长这类欺骗、最会巧言令色的人往往会让人觉得有魅力,甚至"真诚"。罗纳德·里根和比尔·克林顿在竞选和任

妄想的悖论

职期间的压倒性优势和声誉就是再好不过的例子。他们周围的人会觉得自己是特别的，是**被喜爱的**。我们所有人在生活中都认识里根和克林顿这样的人。他们好像对我们说的任何话都很感兴趣。他们充满同情心，让我们觉得非常放松。对于这样一类人，我们有一个非常正面的词来形容他们——"高情商"（emotionally intelligent）。奇怪的是，虽然我们总说我们在意的是真相，但是对于那些说出了自己内心想法的人我们又不会给出积极的评价。没有一个词来专门指代那些没按照社交规则在**该撒谎时撒谎**的人。但是这类人我们一下就能分辨出来。他们要么很高冷，要么不近人情。

在威廉·莎士比亚的悲剧《李尔王》中，老国王要将王国分给他的三个女儿，但在那之前，他让女儿们先告诉他她们有多爱他。两个大女儿听出了其中的游戏规则，告诉了李尔王他想听到的。

高纳里尔：

> 父亲，我对您的爱，不是言语所能表达的；
> 我爱您胜过爱自己的眼睛、广袤的空间和自由；
> 胜过一切可以估价的贵重稀有的事物；
> 不亚于被赋予恩泽、健康、美貌和荣誉的生命；
> 不曾有一个儿女这样爱过她的父亲，也不曾有一个父亲这样被他的儿女所爱；
> 这种爱会令呼吸变得困难，辩才也失去效用；
> 我对您的爱是如此不可估量。

第一章　全都是套路

但是最小的女儿，考狄利娅，对这样的说法只觉得厌恶，不愿意像她父亲期望的那样去恭维他。

考狄利娅：

> 尊敬的陛下，我对您的爱
> 是出于身为女儿的本分，不多，也不少。

李尔王听后大怒，剥夺了考狄利娅的继承权。两个大女儿继承了分封的领土之后很快就背弃了李尔王。莎士比亚说，这个故事要传达的道理是，要理智：不要将华而不实的爱当作真正的爱。这话很对，但是我想谈的是另一个真理：如果我们是更强大、更睿智的物种——不像李尔王那般——你大可以将事实直接告诉我们，我们也会欣然接受。但正因为我们虚荣又自卑、怯懦又小气、骄矜又脆弱，只有傻瓜会觉得别人会一脸和善地听完你不经任何掩饰说出的真相。在这一点上（以及其他许多事情上），我赞同艾米莉·狄金森的观点：

> 要说出真相，但别太直接——
> 迂回的路才会引向终点
> 真相来得太耀眼，太强烈
> 我们不敢和它面对面
> 就像看到闪电的孩子
> 需要耐心的解释才能宽下心
> 真相的光也只能慢慢地透射
> 否则每个人都会被灼瞎双眼——

妄想的悖论

　　近几年来，研究人员用各种经验依据向我们证实了礼貌和客套是团队和组织运作的必要条件。这一点我们其实早已心知肚明。若是在工作场合被粗鲁地对待，我们的思维和行动能力就会被削弱。在一项实验中，志愿者被要求去到一个实验室，等他们到的时候会有一位扮作教授的人告诉他们地点变更了。一些志愿者被礼貌地指引到了另一个房间。而另一些志愿者遇到的"教授"则跟他们说："你不认字吗？门上已经贴了标识，通知实验改在××房间进行。你看都懒得看，非要在我忙得团团转的时候过来问我。我是个教授，不是秘书。"作为实验的一部分，志愿者们又先后玩了异序词游戏，以及头脑风暴一块砖能有哪些用途。被劈头盖脸吼了一顿的志愿者们找出的词语更少，头脑风暴时表现出的创造力也更低。他们帮助他人的意愿也更低，只有不到四分之一的人主动帮别人捡起了掉落的书，而那些被礼貌对待的志愿者中有近四分之三的人主动伸出援手。

　　我最开始做报社记者的时候，一天早上，一个编辑把我们这些年轻记者叫到一块，给我们上了一课。"没有人会因为工作做得不好被开除，"他说，"要是有人被开了，肯定是因为他做了什么混账事儿。"这不完全对，因为我确实见过有人因为能力不足而丢了饭碗。但是这不影响这句话中蕴含的智慧。人类是群居动物，我们的大脑系统能敏锐地调节以适应各类社交礼节。与他人相处得如何会直接影响到我们能否生存下去。如果你丝毫不顾及别人的感受和自尊，说你只是在阐述事实——或是在捍卫理性——等有一天舆论像洪水一样将你淹没的时

第一章　全都是套路

候,这种说辞什么也帮不了你。

这也是为什么我们要教孩子说"请",说"谢谢",就算有时你不用礼貌也能得到想要的东西。我们教导孩子要善良大方,就算他们不愿意这么做的时候也要做到。我们教他们客人来的时候要微笑,就算他们根本看不惯那些来自己家的人。我们无须被教导就能领悟到这一事实:适当程度的欺骗是进入人类俱乐部的门票。反过来,我们也期待别人可以这样欺骗我们。

通过几百万年传下来的规则,我们的大脑能理解要生存下来是件很艰难的事,你不会希望树敌过多。人类群体中的礼貌也能从其他物种的行为规则中观察到。你如果见过几百万只欧椋鸟飞掠湖面时的景象,你就会知道它们飞行时动作整齐划一,每一只鸟的翅尖都紧挨着另一只鸟的翅尖,整个过程不需要任何沟通。在漫长的进化史中,社会一致性有多重要,想必不用我再多言了。

如果你想弄清楚你的社交生活有多么依赖于谎言,那就试试你能不能连着几天**只说**真心话。除非你本来在人际交往这方面就有些迟钝——或是原本就是冷酷人情的人——否则你估计很难做到。这是贝莉亚·德保罗(Bella Depaulo)在 1996 年进行关于谎言的研究时发现的,她是加州大学圣巴巴拉分校的心理学家。"我一开始是研究欺骗的非言语提示,"德保罗说,"但是随着我读的文献越来越多、研究得越来越深入,我突然意识到,还没有人讨论过关于欺骗最基本的问题:我们说谎的频率究竟有多高?"

15

妄想的悖论

德保罗所做的研究属于"日记研究",研究对象们需要记录自己一天内说过的所有谎话。德保罗发现,大多数人每天大约会说一次谎。而后续研究则表明,德保罗的研究结果还是太保守了。大部分人没有将小的社交谎言——哈维·萨克斯分析过的那些出于礼貌而说的谎话——计入其中。在年份更近的一项研究中,罗伯特·费尔德曼(Robert Feldman)用摄像机录下了陌生人第一次见面时的情景,被试者承认自己在对话中大约每**十分钟**会说三次谎——有些人的撒谎次数则会高达十二次。尽管相较于这个统计结果而言,德保罗给出的结果已经算是相当温和了——后来发现这个数据太过保守——但这类研究最开始都受到了质疑和怀疑。大家都不太愿意接受自己其实是个谎话连篇的人。德保罗的很多学生直接挑战了她的观点,说自己就**从不**撒谎。德保罗的回应则很简单,她让这些学生记录自己能多久不撒谎。大部分人没过几天就缴械投降了。"最后没有人完成这个任务。"德保罗说。这些学生实践之后才明白德保罗早已看穿的一件事:"一直绝对诚实并不是一件好事,也不大可能做到。"

这些学生存在的一个重要误区是,他们漏掉了一种谎言——一种比世人们经常谈论的邪恶的诈骗要普通许多的谎言。"这些谎言会说出口是因为我们不想伤害别人,或是因为我们想要照顾别人的想法和感受。"德保罗说,"对于那些我们在乎的人来说,这是一种善良。我们说谎,并不是认为诚实不重要,而是因为有些事比诚实更重要,比如他人的感受,或是你的忠诚。"

第一章　全都是套路

不难料到，我们对与我们最亲密的人，我们最在乎的人反而说谎最多。正如德保罗所说："那些出于关心的谎言，那些善意的谎言，是我们赠给被我们放在心尖上的人的礼物。"

如果理性脑说，"不论如何都要说出真相"，大脑更古老的算法则会低语："没有什么比与他人和睦相处更重要，没有什么比你与他人结下的羁绊更重要。"这两个体系讲着完全不同的语言：一个直白，一个隐晦；一个只认逻辑，一个两厢权衡；一个在乎真相，一个看重结果。

第二章
一切都会好起来的

>不知道为什么
>当我们紧紧相偎时
>竟越发难找到
>真实又善意的话语
>或是既非不真实亦非不善意的话语
>——菲利普·拉金,《床上谈话》(Talking in Bed)

德国哲学家伊曼努尔·康德可以说是位反谎言斗士。他甚至说过,就算明知道对方是来害人性命的,也要如实托出被害人的藏身之地。"说真话,"康德曾写道,"是一种义务,是其他所有义务的基础。"虽然只有极少数人会真的告诉杀人犯他将要杀害的人藏在哪里,但大多数人会赞同康德的这一观点:谎言是恶,诚实是善。诚实是人类最看重的品德之一。问卷调查结果显示,美国人将诚实列为选举总统时最重要的考虑因素，其次才是领导力或是才智（尽管近几届的美国总统选举结果表明美国人也许是在自欺欺人）。

虽然我们大力提倡诚实这一美德，但是每当圣诞节到来时，大部分美国小孩会从父母那里听到这样的话：有一个长着白胡子、穿着红衣服、挺着大肚子的男人会从烟囱里滑下来给他们送礼物。与我们在上一章中讲述的社会性话语中的小谎言不同，这种谎言属于另一范畴。它们是由深沉的爱和善意促成的欺骗和自我欺骗。

在我女儿4岁的时候，有一天，她冷不丁地问我："红鼻子驯鹿鲁道夫是真的吗？"我当时正在开车，一门心思关注着路面状况。于是我脱口而出，告诉了她我的专业见解："我觉得不是，宝贝。"我从后视镜瞥了她一眼，立即意识到我说错话了。理论上我没错，但是情理上我错了——我犯了一个育儿错误。我女儿——一直以来都是一个行为方式委婉的人——她的表情告诉我她不喜欢我刚刚说的话，但是又想要找到一种合适的方式来反驳我。（显然，她的情商比我要高。）她坐立不安地想了几分钟后，突然冒出来一句："你说得不对。因为如果鲁道夫不是真的，那谁来帮圣诞老人拉雪橇呢？"这一次我非常明智地对她说："我觉得你说得非常对。"

大量的社会科学研究表明，父母花在教育孩子要诚实上的时间，超过了任何其他美德的教育时间。但同时研究也表明，说谎是大多数人在教育孩子时会使用的方法。圣诞老人的例子不过是冰山一角。就拿乔治·华盛顿和樱桃树的故事来说。我几乎可以断言这个故事你听过不止一次：当美国第一任总统还

妄想的悖论

是个小孩的时候，他砍倒了父亲最喜欢的樱桃树。父亲回家后，发现心爱的树被砍倒了，勃然大怒，询问是谁做的。"爸爸，我不能说谎，"小乔治回答说，"是我砍的。"他的父亲不仅没有责罚他，反而因为他的诚实拥抱了他。这个故事要教会我们的道理就是，就算将事实和盘托出并不容易，我们也不能说谎。但是乔治·华盛顿和樱桃树的故事本身就是个谎言，它是 1800 年时一个叫梅森·威姆斯（Mason Weems）的身份可疑的牧师编出来的。威姆斯想要利用大众对于华盛顿的狂热崇拜来捞一笔。他写了一本很大程度上是虚构的传记，对此，一个与他同时代的人描述称："这八十页兼具娱乐和教育意义的内容在任何狂热荒谬的编年史里都能找得到。"即便如此，这个凭空捏造的教育人们要诚实的故事依然被代代相传。为什么？因为它真的能帮助教育小孩要诚实。

父母经常向孩子撒谎来鼓励他们——"你画得太棒了！""你在那场话剧里的表现真棒！"父母也会跟孩子们撒谎以确保他们能远离危险。童话故事会警告孩子们，他们如果四处闲逛不回家或是闯祸就会被女巫抓走。我读中学的时候，老师们再三警告我们毒品危害极大，只要吸到一点点街头毒品就会无可避免地上瘾，我对此深信不疑。我记得我当时专门避开一个公园绕道走，因为有传言说那个公园是瘾君子的聚集地，而我非常害怕自己会意外染上毒瘾。这种现象在许多文化中都有。有一项经典的关于玛雅农民的研究，他们讲策尔塔尔语，在南墨西哥以种玉米为生。那篇论文叫作《每个策尔塔尔人都必须撒谎》（"Everyone Has to Lie in Tzeltal"，模仿了哈

第二章 一切都会好起来的

维·萨克斯那篇经典的《每个人都必须撒谎》的标题),翔实地记录了父母们是如何撒谎好让孩子们守规矩的。其中的很多谎言都涉及并不会成真的惩罚或后果:

> 狗/虫子/马蜂会咬你。
> 不要跑到铁轨那里,有疯狗!
> 我要把你带到诊所去打一针!

在美国,人们对诚实的推崇和实际上不诚实的做法之间的反差在假期内尤为明显,具体表现在出现被心理学家称为"收到不想要的礼物"(undesirable gift paradigm)的情况时。你必须说收到的礼物你很喜欢,尤其是近亲精心挑选(还花了钱)的奇葩礼物或是毫无品味的礼物。但这并不表示说我们是在教孩子成为虚伪的人。我们是在教会他们一个更深刻的道理:有时候,为了做一个善良的人,我们不得不撒谎。

对于患者和长者,我们也会这么做。如果你的父母已经上了年纪但是想开车出行,你为了他们的安全着想,撒谎说车坏了需要修,基本上不会有人因此而斥责你。因为你这么做只是为了防止他们出事。一些养老院一撒谎就撒全套。如果有的人患有痴呆症,护工们会陪他们演一出戏,假装生活在患者年轻时的时代。有的养老院甚至会专门将建筑设计成患者长大成人时生活的城镇的模样。德国的一家养老院就仿造了民主德国时期的建筑风格。如果说这些为了帮助缓和患者焦虑情绪的做法构成了欺骗,那么它们相较于座椅绑带、约束服和镇静剂来说,难道不是一种进步吗?

妄想的悖论

对于神志清醒的成年人来说，撒谎可能就没那么容易找到正当理由。但是，我们还是经常说谎，尤其是面对那些因为种种原因情感上比较脆弱的人时。有时，撒谎是为了帮助我们的同伴去面对挑战。在橄榄球界有一句老话，"星期天谁都有可能会赢"（any given Sunday）——这句话通常是教练用来鼓励最差的球队的，让球员们觉得胜利是有希望的。这样的错觉能帮助球队有更好的表现。研究表明，认为目标可实现的人会比认为目标遥不可及的人表现得更好。

事实上，教练为了帮助运动员们发挥出最佳水平而撒的谎不胜枚举，以至于很多都成了运动界老掉牙的说法。"没有人能随随便便获得机会。每一个机会都是通过竞争获得的。"意思是："我希望每个人在训练的时候都拿出自己的最佳水准，好让我们能够选出最棒的球员。但是那些我们今年已经承诺会付给他们5 000万美元的四分卫、近端锋和截锋无论如何都会上场的！"如果教练说"我们只考虑下一周的比赛就好"，那么这其实是在说："我希望大家把精力都放在下周的比赛上。因为从整个赛季来看，下周的比赛最有可能获胜，如果我们再不取得一点成绩的话，恐怕我就要被开除了！"又或者是这条教练最常说的格言："我们什么都不差，只需要把每项优势都发挥出来。"意思是："我们队很差，谁都看得出来，但总是执着于这一点又有什么用呢？"在任何国家，经理们在面对员工时一向都是谎话连篇的，而最受喜爱的经理往往是最精于此道的。有时是省略的谎言——不告诉员工他的同事刚刚获得了一笔奖金；有时是为了推进工作而撒谎——将项目的难度弱化来

第二章 一切都会好起来的

保证员工的士气。

当然,我们也知道有些虚伪的教练和经理最终使自己的团队和组织走向覆灭,他们自己也因为不道德的行为和霸凌而遭到起诉。一提起说谎,我们通常想到的都是这一类。但是还有另一类说谎者,他们说谎是为了照顾他人感受,帮助他人发挥最大潜力,激励他人重整旗鼓——比如符合这种形象的"球员教练们",我们会对他们大加赞许。但如果我们用词更准确一点的话,我们想表达的意思应该是:我们厌恶那些为了成功而牺牲他人利益的谎言,但我们欣赏那些帮助人们成为更好的自己、发挥出他们最大潜力的谎言。我们厌恶的不是欺骗本身——重点在于,谁在欺骗、为什么欺骗,以及什么情况下欺骗。

当我们的朋友经历离婚或是身患绝症时,我们会告诉他们"一切都会好起来的",其实我们并不知道是不是一切都会好起来,甚至有时我们可以确定**不会**再好了。就算事实并非如此,我们也会夸赞伴侣你看起来美极了,会告诉遭遇重大挫折的同事你只是遇到了一个小坎儿。几年前我父亲因为癌症性命垂危的时候,他的身体每况愈下。每次我去看他时,他好像又瘦了一圈。但我还是佯装出一副乐观的样子,尽力让他安心,一切都和我们期待的一样顺利。我内心并不安宁。但是在道德感的驱使下,我还是说了谎。我知道这样会让他感觉好一点。

以上所有这些情况的背后都是同一个原因:一切顺利的时候我们可以很轻易地说出真相,对于你不喜欢的人也可以表现出"近乎残忍的直白"。但是当我们爱的人遇到挫折、经历惊

妄想的悖论

惧和失败时，我们就会用欺骗和自我欺骗来安慰他们。我敢说，我们之所以会选择欺骗和自我欺骗，是出于我们对正处于弱势的人的忠诚和关爱。要说有人从不需要谎言来获得安慰，那往往是因为他们身体健康、事业有成、生活殷实，没有理由不快乐、不积极向上。

所有这些想法都来源于我最近的一些经历：我在为我的播客《隐藏的大脑》（Hidden Brain）和电台节目报道有关美国的阿片危机的故事。为了采访，我去到了马里兰州，在那里我见到了皮特·特罗塞尔（Pete Troxell）和霍普·特罗塞尔（Hope Troxell）。这对夫妇刚经历了一场惨痛的悲剧：他们失去了女儿艾丽西娅（Alicia），而且艾丽西娅走的时候已有七个月的身孕。艾丽西娅生前因为脊柱侧弯导致的背痛在服用处方阿片类药物，之后出现了成瘾的现象。当时她正经历离婚，这些处方药也帮助缓解了她心理上的创伤。久而久之，她从服用处方药改为吸食海洛因。毒品毁掉了她的生活，她也因此失去了孩子的监护权。这一切的痛苦和煎熬让她更加依赖于街头毒品。艾丽西娅再次怀孕的时候，霍普和皮特和她严肃地谈了一次。他们告诉她，为了她将要诞生的孩子，她要振作起来。他们送她去了戒毒所。从戒毒所出来后，艾丽西娅和霍普与皮特住在一起。一天晚上，一家人温馨地吃过晚饭后，艾丽西娅的母亲帮她为新生儿准备衣服，她们给这个孩子取名叫卡姆登（Camden）。但是第二天早上，霍普去看艾丽西娅的时候，发现她撑坐在床上，身体僵硬，已经没有反应了。艾丽西娅过量吸食了一种名叫芬太尼的合成海洛因。霍普和皮特送她去救

第二章 一切都会好起来的

治,但是为时已晚。艾丽西娅死了。她腹中的卡姆登也死了。

这件事让霍普和皮特一蹶不振。整个采访让人心痛,我回过神来才发现自己听着听着已经泪流满面。然后某一刻,皮特的表情突然明朗起来。他跟我说,当他们埋葬艾丽西娅时,发现上空有一只鹰在凌空翱翔。他想起《出埃及记》中的一节:"我向埃及人所行的事,你们都看见了,且看见我如鹰将你们背在翅膀上,带来归我。"皮特觉得这只鹰是在把他的女儿带往天堂,他一下子释怀了。

"当我在《圣经》中读到那一节的时候,我感觉好多了。"皮特诚挚地看着我说,"我失去了女儿,这让我痛苦万分。我从未想过我会白发人送黑发人。本应该是我的孩子为我送终的,而不是我将她下葬。但是当我看到白头鹰在墓地上空盘旋,再想到《圣经》里的内容时,我觉得我的女儿是去了天堂,这让我觉得好多了。终有一天,我会去到那里和艾丽西娅还有卡姆登重逢,这让我们感到莫大的慰藉。每天晚上我睡觉前,我们睡觉前,我们都会为卡姆登、为艾丽西娅祈祷。[我们会说]主啊,他们就托付给你了,请照顾好他们。有一天我们会去和他们见面,我们没有永别,只是暂时分开。只有这样想,我们才能熬过这段时间。"

伊曼努尔·康德或许会建议我告诉特罗克塞尔夫妇,我并不相信那只鹰和艾丽西娅有什么关联,一只鹰能将一个死人带去天堂的想法也过于荒谬。我认为这位年轻女士的死不明智,也无意义。她的死是由社会结构因素导致的,这已经超出了生活在马里兰州乡村地区的特洛克塞尔夫妇的理解范围——这些

妄想的悖论

因素包括情绪障碍导致的自我毁灭行为、制药产业的不道德作为，以及美国药物治疗的不足。这个故事中没有救赎，悲剧发生得毫无意义。一直以来，这个世界都会将不幸降临到人间。特罗克塞尔一家不过是运气不好罢了。

但是这些想法我一句也没有说出口。我只是对皮特不停点头表示认同，没有一丝犹豫。我向他表示我赞同他的看法，好让他能享受从鹰的故事中获得的安宁。你可能会说这是省略的谎言，不是为了促成行动的谎言。不管怎样，我就是说谎了。但是回想起来，我一点也不后悔。

杜克大学的丹·艾瑞里（Dan Ariely）教授是世界上最负盛名的欺骗心理学专家之一。他已经出了几本书来探讨撒谎的普遍性，以及谎言背后的复杂机制。虽然在经济学界盛行用简单直接的成本-效益分析来解释欺骗——为了将利益最大化、风险最小化，我们会不惜一切代价去编造谎言——但艾瑞里向我们证明，撒谎的频率和谎言的规模通常是由能不能在利益和道德间实现平衡决定的：我们想要获得尽可能多的利益，同时又能觉得自己是好人。他把这叫作"蒙混因素"（fudge factor）。

艾瑞里的大部分研究是关于欺骗的代价，以及该如何减少撒谎者和撒谎这种行为。但同时，在**善意的**谎言这一问题上，他的立场一直有些摇摆不定，也就是一方想要被欺骗，而另一方，为了第一方着想，配合进行欺骗。实际上，正是这种欺骗和自我欺骗帮助艾瑞里度过了人生中最艰难的一段时期。可能

第二章 一切都会好起来的

因为这件事，他才活了下来。

艾瑞里 17 岁的时候遭遇了严重的事故。烟花表演出了问题，一束烟火在他身旁爆炸。艾瑞里被紧急送去了医院，并不得不在那里治疗了三年。"我当时读十二年级，突然之间我不能再继续过和往常一样的生活了。"艾瑞里回忆道。这场事故使他全身超过 70% 的地方被烧伤。时至今日，他仍然需要定期接受外科手术来治疗那场事故引发的并发症。

艾瑞里把在医院的那段日子称为他"人生的放大镜"。就如同所有被严重烧伤的患者一样，事故发生后的前几个月里他都处于危险期。没有人告诉过他这一点。也没有人跟他说过他在今后会一直承受多大的痛苦。"就像每个伤得过重的人一样，我也想过结束自己的生命。"艾瑞里告诉我，"我觉得如果当时我更客观地看待我的未来的话，我可能就自杀了。我不觉得我能承受住医生告诉我实情。"

这也不是唯一一次医护人员通过谎言来帮助他。一次手术中，他的手中植入了十几枚金属钉子。之后他要再接受一次手术把钉子取出来。但就在手术三周前，他得知那场手术只会局部麻醉，他将全程清醒地接受手术。他吓坏了，但是一名护士告诉他这个手术很简单、很快，不会疼的。三周后，艾瑞里做了那个手术。这简直是场煎熬。"手术非常疼，"他现在已经可以笑着讲起那个过程了，"非常痛苦，医生花了好一会儿才把十五枚钉子全部取出来。"一开始艾瑞里感到愤怒，因为那名护士骗了他，但是等他设想过相反的情况后怒火逐渐消散了。如果护士告诉了他实情，他除了要经历那场噩梦般的手术以

妄想的悖论

外，**还要**被之前持续几周的恐惧所折磨。

"试想一下那整整三周我原本会处于怎样的炼狱当中——煎熬，恐惧。"艾瑞里说，"她骗了我，谎言没有让手术的疼痛感减轻分毫，但却为我免去了三周的担惊受怕。这能让她的谎言名正言顺吗？很难说，但我也承认那个谎言帮助我好受很多。当你生病的时候，你会情绪失控，会被恐惧吞噬，而你却只能躺在病床上，任由其他人决定要做什么、什么时候做。当时，医生要在没有全麻的情况下把钉子取出来，如果没人骗我，那份恐惧一定会让我彻底崩溃。我很感激她骗了我。"

有一次，艾瑞里**得知**了真相——这让他感到绝望。当时，医护人员带了另一名被烧伤的患者来看他。那名患者的康复进度比艾瑞里早几年，他们的本意是想鼓舞艾瑞里。"我原本对我的未来会怎样一无所知。"艾瑞里说，"他们把那个患者带过来，想让我知道我恢复后会是什么样子。那个患者自受伤后已经调养了十五年。但他看起来很糟糕，身上有严重的疤痕。而且很明显，他的手已经失去机能了——就是我现在的样子。但对于当时的我来说，这完全是个惊吓。我自己的预期本来要乐观很多。他们想让我从那个患者身上看到一切都会变好的。结果我完全被吓傻了。"

这些经历使艾瑞里意识到，有时候，为了保护和安慰别人，我们必须克制自己讲述真相的欲望。"几年前，有个人被烧伤了，他还很年轻。他的亲戚找到我，希望我能跟他谈谈，鼓舞他，让他对自己的未来乐观一点。"艾瑞里说，"我觉得进退两难。一方面，我打心底里觉得无论怎样他的未来都谈不上乐观了。但另一方面,我又觉得不应该直接跟他挑明现实会有多残酷。我纠结了两天,哭了很多次。最后,我选了一条折中的路。我没有办法直接告诉他残酷的真相。"

如果你不去将善意的谎言和乐观的自我欺骗看作软弱,而是面对困境时的**适应性反应**,那么也就不难理解我们中的很多人——在巨大的痛楚面前——会宁愿相信谎言带来的希望,而不是去面对真相然后陷入绝望。当然,并不是所有人都会这么想。伊曼努尔·康德这一类人可能就会说,真相比希望、健康和幸福更重要。但是,现实并不会因为人们更勇敢就对他们有所眷顾。物竞天择,适者生存,重要的不是真相,而是**怎样能活下来**。如果你能乐观地看待世界,你的生存概率就会更高。在明尼苏达州罗切斯特的梅奥医学中心,研究人员曾对534名成年人进行人格测试,这些成人都患有肺癌,也就是最终夺走了我父亲性命的疾病。他们将患者分为两组,乐观的患者和悲观的患者。他们发现,乐观的患者要比悲观的患者长寿六个月。

你可能会说,好吧,就算乐观的人比悲观的人情况更好,那他们和**现实主义者**相比,情况也更好吗?你是认真的吗,一个人能是现实主义者却不悲观?在梅奥医学中心的那项研究开展之前,有另一项研究统计了74名被诊断患有艾滋病的男同性恋者的寿命。那项研究是在1994年发表的,在当时,被诊断患有艾滋病就相当于被判了死刑。研究结果显示,对自己病情和最终结果更现实的人比乐观的人要**少活九个月**。研究人员

妄想的悖论

将他们的论文命名为《现实主义对于患有艾滋病的男同性恋者来说是寿命减少的征兆》(Realistic Acceptance as a Predictor of Decreased Survival Time in Gay Men with AIDS)。

在梅奥医学中心进行的另一项研究中，研究人员对 839 名患有不同疾病的人进行了心理测试。之后的三十年里，他们追踪记录了这些患者的病情变化，包括哪些患者去世了、什么时候去世的。结果显示，有"悲观解释风格"的患者比有"乐观解释风格"的患者的死亡率**高出 19 个百分点**。

如果我告诉你，研究人员发现了一种特别的干预措施——它能将死亡率降低 19 个百分点。——但是世界各地的医院和诊所都普遍无视了这种治疗方法，你可能说这简直是医疗事故。为什么医院和医学中心没有广泛地将帮助患者建立乐观心态包含在医疗指南里？因为我们被困在了自己织的茧里：管它是什么谎言，撒谎就是不对。如果我们一片好心去帮助别人乐观起来，结果最后被倒打一耙，说我们让人空欢喜了一场呢？我们一直觉得欺骗和自我欺骗不会有好结果，所以真的有证据表明它们有时能产生积极作用时，我们就只有目瞪口呆的份儿。

作为享受启蒙运动成果的后人，我们牢牢地抓着理性的桅杆不放，赞美理智的智慧。我们反对直觉、本能，以及主导大脑古老部位的非逻辑思维。我们信誓旦旦地说，真相是我们唯一的旗帜，我们要乘着逻辑的风破浪前行。如果海风吹向了别的方向呢？那我们就无视它。

第三章
疗愈的剧院

只要你相信它,它就不是谎言。

——乔治·科斯坦萨(George Costanza),《宋飞正传》

1784年,几位世界上最伟大的科学家聚集在巴黎,共同研究一个医疗装置。这个装置号称是人类历史上最伟大的科学进步之一,有着奇迹般的治愈功效,甚至能使盲人重获光明。它看起来就像是个水桶。

这个装置叫作磁桶(baquet),第一眼看上去确实令人眼前一亮。它由抛光过的橡木制成,有一个绘着类似航海标志图案的盖子,像是在儒勒·凡尔纳的《海底两万里》里会出现的物件。桶的侧边有八根华丽的编织绳,每一条绳子与盖子上的一根金属棒相对应,金属棒朝斜下方弯曲。等患者和慕名参观的人成群结队地到来时,金属棒会被磁化,患者围坐在磁桶的周围,把磁桶上的绳子系在自己身上,然后将经常疼痛的身体

妄想的悖论

部位紧贴着金属棒。通常还会有一个音乐家在一旁演奏玻璃琴，这是一种由高脚杯组成的看起来超凡脱俗的乐器，演奏出的音乐如梦如幻。

在最后，患者们会进入一种状态，磁桶的信徒们将这种状态尊称为"危险期"（crisis）。研究人员后来观察到，在这种状态下，一些患者会"咳嗽，吐口水，感到轻微疼痛，全身或局部发热，流汗；另一些患者则会焦躁不安，并因为痉挛而饱受折磨……痉挛次数频繁、持续时间长、程度强……有时甚至会一直持续三个多小时"，另外"伴有浑浊黏稠的痰液。痉挛表现为快速不受控制的抽搐……视线模糊、眼神游离，患者会厉声尖叫、流泪、打嗝或大笑。在这些症状出现之前或之后，患者通常处于疲倦和多梦的状态"。而当磁桶的发明者——弗朗兹·安东·麦斯麦——在场的时候，这种情绪失控的表现会加剧。麦斯麦本人身材高挑、外形俊朗，颇有人格魅力。他会穿着色彩亮丽的丝绸长袍、趿拉着一双金色的拖鞋在房间里来回踱步，或是朝患者挥动手中的金属棒，或是将手搭在患者身上——通常在这种时候患者就会出现新一轮的痉挛。

麦斯麦出生在奥地利，毕业于举世闻名的维也纳大学。他的博士论文《行星的影响》（The Influence of Planets）探讨的是天体对人类生理的影响。在听说奥地利皇家法院的某个占星家能神奇地疗愈别人后，他开始对磁性感兴趣——那位占星家叫作马克西米利安·赫尔（Maximilian Hell），这个名字对于

第三章　疗愈的剧院

他的牧师身份来说实在谈不上吉利①。很快，麦斯麦声称自己发现了一种叫作动物磁力的看不见的身体能量，并将此描述为"天体、地球和动物身体之间的相互影响"。而动物磁力失衡就是人类肉体和精神上的痛苦的根源。麦斯麦称，他的磁力治疗能疗愈"癫痫、忧郁症、躁狂发作和疟疾"——在当时疟疾指代任何类型的发热。

当时的科学界正百花齐放、百家争鸣，各类研究发现层出不穷——人们发现了电力、重力，并对能让气球飞起来的气体有了新的认识。麦斯麦凭着动物磁力也让自己成了镇上的话题人物。他在全镇共开了24家磁力诊所——叫作"和谐会"（Societies of Harmony）。包括玛丽·安托瓦内特王后、美国独立战争英雄拉法耶特侯爵等在内的著名人物都是他的常客。拉法耶特侯爵在寄给朋友乔治·华盛顿的信中称赞麦斯麦的发现是"伟大的哲学发现"。

但是，18世纪晚期同样是一个对待科学无比严谨的时代。麦斯麦的神奇疗愈艺术并未让所有人信服。很多科学家对动物磁力学都存有疑惑。麦斯麦自己也曾请愿，由官方进行调查来证实他关于磁力疗法的说法是否属实。他写信向医学协会发起挑战：由协会挑选24名患者，他来医治其中一半，常规医师来医治另一半，让实验结果来告诉世人孰强孰弱。协会直接无视了他。但是不久后，法国国王路易十六的卧室被人闯入，侵入者声称自己是被麦斯麦"施了巫术"，这让国王有些坐不住

---

① "Hell"在英文中有地狱的意思。——译者注

妄想的悖论

了,他决定加以整治。路易十六任命法国最伟大的几位科学家成立委员会来进行调查,命名了氧气和氢气、直到现在仍被尊称为现代化学之父的安托万·拉瓦锡也在委员会成员之列。本杰明·富兰克林被委任来领导委员会。这位美国大使在巴黎极受欢迎,他对于电力的研究让他在法国成为传奇人物。(无巧不成书,麦斯麦在磁力疗法中使用的玻璃琴正是富兰克林发明的。)

但是这次,麦斯麦拒绝接受调查。委员会的成员从始至终没能见到他,只得从他的主要弟子之一、国王弟弟的医生查尔斯·德埃斯隆(Charles d'Eslon)那里,了解麦斯麦所使用的各类磁力疗法,包括磁桶本身。

一些调查委员亲身体验了查尔斯·德埃斯隆的治疗,但他们都没有任何异样的感觉,更不用说那种用绳子将自己与磁桶系在一起的患者体会到的极端的感受。于是委员们设计了一系列实验来检验是否真的是动物磁力使那些患者产生了反应——还是说另有蹊跷。在一场实验中,一位患者被安置坐在一扇关闭的门前,然后被告知德埃斯隆会在门后对她进行磁力治疗,但其实德埃斯隆并不在场。"三分钟后,"委员们记录道,那位女士"将两只胳膊别在背后,紧紧交叉,身体前屈。她整个身体都在颤抖,牙齿不停打战,发出的响声在门外都能听见;她的手上被咬出深深的齿痕"。他们又将另一位患者带到富兰克林的花园里,德埃斯隆对花园里的一棵树进行了"磁化"。患者的眼睛被蒙上,然后有人领着他四处走动。委员们观察到,患者被带离那棵树越远,似乎受到磁力的影响越强烈,直到最

第三章　疗愈的剧院

后"他失去了意识，四肢僵硬，被抬到旁边的草坪上由德埃斯隆对他进行急救"。

调查委员们在报告中总结称，所谓的动物磁力并不存在。麦斯麦在众人眼中成了玩弄意志薄弱的患者的大骗子，从此身败名裂，最终不得不离开法国。在今天，揭穿麦斯麦的那些实验被看作是最早用于检验医疗方法的安慰剂对照研究。整个事件就是调查委员们与骗子斗智斗勇，用一系列陷阱揭开了他的真面目。科学战胜了迷信。当时关注了全过程的人们大部分认为麦斯麦的魔杖和磁桶终究只是没用的破铜烂铁。

这个结论不完全对。就在本杰明·富兰克林被指派去领导对麦斯麦的调查的前几年，一位患者曾写信询问他，麦斯麦的磁力诊所是否值得一去。富兰克林在回信中写道，这种治疗方法是利用了人们的"妄想"和"人类自我欺骗的天性"。但富兰克林转而又说，即便如此，这种疗法或许仍值得一试，因为："在某些情况下，妄想可能会起作用……在每个大城市里都有这样一群病秧子，他们太热衷于药物，长期大剂量地服用，最终损坏了自己原本健康的体格。如果有人告诉他们不必依赖药物，医生只要将手指或是一根铁棒指向他们，他们就能痊愈，说不定反倒会有不错的结果。"

这也正是富兰克林和其他调查委员们对于麦斯麦疗法的最终评价。他们的任务是判断动物磁力是不是一种力，比如，像电力这种。虽然给出的结论是否定的，很多委员依然认同麦斯麦的确治愈了一些患者。疗愈的力量并不是来自动物磁力，也不是来自麦斯麦的魔杖或磁桶，而是整个治疗过程营造出的一

妄想的悖论

种戏剧性的氛围和患者自身的想象。"从临床观察成为医学的一部分时，就已经有迹象表明，身体之于心理、心理之于身体存在着作用与反作用。"他们在最终报告里这样写道。调查委员们将治疗过程描述为"想象"（imagination）的力量。

到最后，麦斯麦自己似乎也是这样看待他提出的磁力疗法的。到了晚年，他越发觉得治疗过程中的那些物质要素都无关紧要，转而将取得的治疗效果全部归因于自己人格的力量（讽刺的是，当我们如今使用"动物磁力"一词时，我们所指的就是人格）。磁力疗法就像是一个**剧院**，戏剧性的治疗过程则是一场精致的骗局：操控患者的期望，利用患者自身的能力来使他们康复，这就是疗愈的秘密。在当时，通过水蛭吸血、切割、焚烧来医治患者的做法屡见不鲜，学校在吸烟被认为是有益健康的情况下鼓励学生吸烟；不得不说，相较之下，麦斯麦的磁桶和魔杖疗法确实要温和许多（他的和谐会诊所严禁使用香烟）。如果巴黎的医学协会当时接受了麦斯麦提出的挑战，很有可能是麦斯麦获胜。就凭麦斯麦的治疗方法给患者造成的伤害比当时标准的医疗手段要轻，他也能拿下一城。

1994 年，距离麦斯麦的骗术被揭开时隔两百年后，在休斯敦退伍军人医学中心的手术室里，美国医生布鲁斯·莫斯利（Bruce Moseley）在为一台膝盖关节镜手术做术前准备。早期，手术室曾一度被叫作"手术剧院"（operating theater），因为当时手术真的是在剧院进行，有大量的观众围观——而且通常会有音乐家参与，就像麦斯麦的磁力疗法一样。现在看

第三章 疗愈的剧院

来,这种叫法多少有些不合时宜,但是等你了解了莫斯利要进行的手术,你会发现"剧院"一词再合适不过。

在莫斯利做完手臂消毒后,被麻醉的患者被推进了手术室——这是一位患有膝关节炎的中年男性。有人递给莫斯利一个信封,里面的便条告知他这位患者是安慰剂组的患者。随后,莫斯利像往常一样开始手术,他先在患者的膝盖处切开三处钢笔长度的切口。然后,他看向了放置在手术台旁的电视。电视里,是莫斯利在做关节镜手术。莫斯利开始模仿电视里的自己。"如果电视里我在查看膝盖的腔室,那我就会把患者的腿调整至同样的位置来查看膝盖腔室。"接受我的采访时,莫斯利回忆道,"如果电视里我将什么东西置入了膝盖内,我就会让护士递来植入物然后假装操作一番。我会将患者的腿进行调整,我会调整我的站位,我也会拿着植入物凭空操作一番,就像真正在做手术那样。"但实际上,莫斯利从始至终就不曾进行任何一项手术环节。他只是在最开始将膝盖切开,最后再缝合上,中间从未将任何植入物植入患者的膝盖内。

这台手术是莫斯利进行的一项研究中的一环,他当时刚到休斯敦不久。莫斯利在盐湖城接受住院医师培训时,学习到关节镜手术不能治疗关节炎。但是到了休斯敦后,他却发现在那里,关节炎一直都是通过关节镜手术来治疗的。一些外科医生推测,手术最后有效不是因为残留物被从膝盖刮除——关节镜手术的真正目的——而是因为医生用生理盐水冲洗了膝关节。莫斯利想证实这种猜想是否正确,他的验证方法是对一组患者进行关节镜手术,另一组患者只冲洗膝关节。一名同事则建议

37

妄想的悖论

他增加第三组，安慰剂组，也就是上文中描述的什么都不做的手术。

这个提议令莫斯利大吃一惊。他曾担任过休斯敦火箭队的外科医生，治疗过像哈基姆·奥拉朱旺和查尔斯·巴克利这样的 NBA 球星。他从来没有想过安慰剂手术。对于他，对于大多数医生来说——以及对于大多数公众来说——一提到"安慰剂"，浮现在脑海中的就是糖丸。安慰剂手术根本算不上是手术，也算不上是**真正的**医学。但莫斯利还是去查阅了相关资料。随着他读的资料越来越多，他越来越认识到，安慰剂效应可以在手术中起到作用。另外，患者感受到的被干预程度越大，效果就越好。"小的药丸有时候效果就不如大的药丸。"他解释道，"或者，如果跟患者说这个药是'最新研发的，有重大突破'，它的安慰剂效应可能就比传统老药更明显。"而手术，作为治疗手段中最后的王牌，对于患者的影响比最新的药还要大。

起初，医院的管理人员听闻莫斯利要做假手术的想法后大为震怒，但最终还是批准了。虽然做假手术就像是强买强卖一样，莫斯利还是招募到了愿意参加这一项目的人——基本都是被膝关节炎逼到了山穷水尽的地步的患者。"我们让患者签署了协议，协议上明确写着：'我明白我可能会被分到安慰剂组，安慰剂意味着假装，也就是说如果我被分到安慰剂组，我接受的手术会是假手术。'"莫斯利说，"我们让患者亲手写下协议内容以确保他们完全明白每句话什么意思。"

最后的结果令人震惊。参与项目的患者接受手术两年后，

第三章　疗愈的剧院

不论是接受了真正的关节镜手术的患者、只是膝盖被生理盐水冲洗过一遍的患者，还是接受安慰剂手术的患者，全部都表示病痛有了明显的改善。三组患者的改善情况也并没有任何差异。莫斯利说这个结果让人"惊掉下巴"。而之后更大规模的研究也佐证了这一结果。关节镜手术是世界上最常见的外科手术之一。如果说之前关节镜手术治好了关节炎，那么莫斯利的实验则证明所有的疗效都应该被归因于安慰剂效应。

自医学发展早期，安慰剂就一直是医生的一项工具。柏拉图曾提到过，医生借助"单词和短语"的力量来治愈患者。在麦斯麦所处的年代，安慰剂已经被广泛应用。托马斯·杰斐逊透露过："我认识的所有成功医生中，有一位曾经跟我说过，他给患者开过的面包药片、着色水滴和山核桃灰末，比他开过的全部药物加起来还要多。"

但是大部分医生其实并不清楚这些欺骗性的行为究竟能有多大的治愈效果。在一本 19 世纪的医学术语汇编中，**安慰剂（placebo）**的定义是——源自拉丁语，意思是"为了取悦"——"更多是为了取悦患者而不是为了改善患者状况的药物"。一直到 20 世纪 60 年代，美国食品药品监督管理局（FDA）要求对新药物进行更严格的测试，并且**必须**包含安慰剂对照研究，我们才知道，有多少我们原以为是现代药物产生的疗效其实都是安慰剂效应。比如，在临床试验中，大量抑郁症患者服用抗抑郁药物后病情得到了改善，但是这些抑郁症患者中，很多人服用安慰药丸后其病情也得到了改善。

妄想的悖论

你也许会说，好吧，也就是说，就算是经过检测的药也会没有效果。不，我们更应该关注的是那些已经被开给几百万人的药，那些人们认为挽救了自己性命的药。这些药被制药公司吹得天花乱坠，像是灵丹妙药一般。但其实这些药的疗效很大一部分来自安慰剂效应。尽管安慰剂效应的确在慢性病或者是给人造成疼痛或精神痛苦的病中效果更为显著——比如抑郁症、关节炎——但很少有药的疗效是跟安慰剂效应一点关系都没有的。

安慰剂效应通常被理解为是指心理作用大于药效。但实际上，安慰剂效应中产生更强效果的，是治疗过程中的戏剧性和仪式——在这场戏剧中，（通常在无意识的情况下）医生进行欺骗，患者进行自我欺骗。在我小时候，我们家的家庭医生是个非常有亲和力的人。即便我当时还小，我也注意到了一些很奇怪的事：每次这位医生出现的时候，我就觉得自己已经好些了。当他耐心地听我说话时，我能感觉到我没那么紧张了。很多年以后，在为《华盛顿邮报》报道心理健康话题的时候，我明白了一点，判断心理治疗结果最后是好是坏，不是看医生用了哪种疗法，而是看医生与患者之间是否建立起了信任。

我们生病时大部分的痛苦源自我们自己对生病这件事的反应：我们的焦虑和担忧，以及生病**意味**着什么。当那位家庭医生来看我的时候，单单是他的出现并不能消灭让我生病的病毒，或是让我发烧的细菌感染。但是他消除了我的担忧和顾虑。他会告诉我那句人们生病时最想听到的话："别担心，我来了。我会治好你的。"几乎在任何治疗情境中，这些要素都

第三章 疗愈的剧院

会起作用。安慰剂效应最明显的一类情况可能就是外科手术了,患者将自己托付给医生,通常还会同意在手术中被剥夺意识。手术前大量的准备工作,某种意义上也是在增强患者对手术的信心,让患者感觉自己将接受最精细的治疗。患者就是将性命交到了医生的手中。让别人在自己身上"动刀子"绝不是小事。手术剧院毫无疑问称得上是最戏剧化的**剧院**。

我们或许会觉得"原始"文化中的患者去找"巫医"治病实在可笑。但是,当我们走进现代医院,看到高精尖的器械、精密的监测仪、穿白大褂的医生时,我们就是在上演现代版的找巫医看病。当然,这并不是说戏剧性和仪式就代表了全部医学。如果真的患了重病,大家都会想去梅奥医学中心接受治疗,而不是投奔拿着魔杖的巫医。大家会选择经 FDA 认证的抗抑郁药物,而不是自己的婶婶熬的不可名状的混合物。只是我们要认识到,不管是抗抑郁药物还是梅奥医学中心的医治,都有一部分疗效要**归功于**剧院。

假的关节炎手术教会了莫斯利重要的一课,他之后一直铭记在心,他明白了,并不是当他从手术室走出来的那一刻他的工作就完成了。现在,每完成一台手术后,他都会记得与患者和患者的家属交流,告诉他们一切顺利,基本可以确定患者能够恢复健康。莫斯利知道,看到他有信心,患者和患者家属就会有信心。他们的乐观——他们的**希望**——也是治疗的一部分。

几百年里,往回一直追溯到本杰明·富兰克林和安东·麦

妄想的悖论

斯麦时期，安慰剂都主要是被医学界用来分辨什么是有用的、什么是无用的，帮助淘汰掉庸医，更好地评判治疗的真实效果。但不幸的是，当安慰剂对照试验显示安慰剂的效果和药物的效果一样时，大多数人就会断言药物"没用"。这么说不完全准确。如果在试验中，安慰剂组的患者和接受了真实治疗的患者的病情都同样好转了，那么更准确的说法是"此药物的疗效仅限于安慰剂效应"。

而根据我们在前文举的例子，能产生安慰剂效应就绝对不是没用。但是与这环环相扣的一个问题却很少有人愿意细想：如果安慰剂效应能帮到我们，为什么不在医学领域里广泛推广呢？这是哈佛大学安慰剂研究与互助治疗项目负责人特德·卡普特丘克很早就抛出的一个问题。"如果50%的人因为安慰剂效应病情出现好转，50%的人因为药物治疗出现好转，这个试验就不能证明药物可以被取代。"他说，"我们不能忽视那50%因为药物好转的人。"

1959年，西雅图心脏病专家莱奥纳德·科布（Leonard Cobb）进行了一项关于乳房内动脉结扎手术的研究。内乳动脉结扎手术是治疗心绞痛的常见手术，原理是通过结扎动脉保证更多血液能流向心脏。然而科布的研究表明，如果进行安慰剂手术，并不真的将动脉结扎，这也能实现同等的治疗效果。乳房内动脉结扎手术在几十年里都好评如潮：接受手术的患者中75%的人病情有好转，三分之一的人完全恢复了健康。然而科布的研究结果一经公布，医生就不再做乳房动脉结扎手术了。也就是说，我们明知道有这样一项手术之前帮助治愈了许

第三章 疗愈的剧院

多患者,却不再为患者提供。

当然,在研究结果已经公之于众的情况下,如果继续进行这项手术,棘手的道德、政治和经济难题就会随之而来。如果一台手术的效果仅限于安慰剂效应,医生还坚持去做,那不就是在变相鼓励那些兜售万金油的不良商贩和麦斯麦这样的人吗?再者,如果人们已经知道医生就是在做安慰剂手术,安慰剂效应还会存在吗?又或者说,安慰剂效应的产生,究竟是取决于医生成功地**欺骗**患者、让他们以为自己在接受"真正的"治疗,还是取决于医生**自己**要相信这种治疗方式会有效果?

这些问题困扰了卡普特丘克许久。仪式和信念是安慰剂效应的基础,卡普特丘克对于这两者间复杂的相互作用的了解已经达到了专家级水准。他的大部分知识是在哈佛研究安慰剂时积累的,另外一部分则得益于他在疗愈领域的独特经历。青年时期的卡普特丘克自诩是"60年代的产物",一心想找到一个事业让任何人都不能说他是在"为别人卖命"。他最终选择到中国学习传统中医。"我学习了中药和针灸。"他说,"我接受训练,练习如何开药方,如何诊断阴阳、五行、湿和风。到最后,我已经熟练得可以一眼就看出一个人是否有'风'的痹症,就像你看了一眼我的短袖然后说'这是蓝色的短袖'一样易如反掌。"

回到美国后,卡普特丘克在波士顿开了一个诊所。他所在的那条街叫"庸医街"(Quack Row),街坊邻里可谓是八仙过海,各显神通,有脊椎指压治疗师、能量治疗师、前世记忆回溯医师,还有一个牙买加治疗师,开的药都是各种各样颜色的

43

妄想的悖论

液体。卡普特丘克的诊所可以说是完美融入其中。"我在等候室里摆放了不下两三百个草药罐，"他说，"我还挂了很多好看的中国的图片。一些中药材是蜥蜴、壁虎和海马的身体部位，异域风情浓厚，又有象征价值。"

卡普特丘克成功了——非常成功，以至于患者会告诉他他治好了他们的什么什么病，而卡普特丘克根本就不知道患者有那些病。于是，他开始思考这其中到底发生了什么。"我觉得很奇怪，因为我并没有给他们抓过治疗那些病的草药。"他说，"然后我想到应该是有别的什么原因。我去翻看了中医典籍，典籍上说药效在患者服用草药前就会产生。中医里并没有医患关系这一说。我觉得是除了中药和针灸以外的什么事物在起作用。我当时不确定该怎样解释这种情况。"

最终，卡普特丘克意识到是他和患者的交流、精致的疗愈场所帮助患者好了起来。"患者走进我的办公室时，我会跟他们有眼神交流，然后请他们坐下来。之后的十五分钟、半个小时，我会和他们进行有意义的交谈，去了解他们的生活、他们的病症，为他们切脉。当他们走出诊所的时候，我能看出他们的神情已经不再那么痛苦，步伐也变得有力。我对自己说：'特德，你刚刚改变了那个人。'不是因为那些中药。中药也许起到了更大的作用，也许没有。但是我看到了一些东西在起作用，那些是我在中国没有学到的。是仪式和医者行医时的各种行为。包括交谈、沉默、倾听、建立信任。最重要的是希望。我认为我看到的现象就是生物医学中所说的安慰剂效应。"

之后，卡普特丘克被哈佛聘用，他继续研究统计学和流行

第三章 疗愈的剧院

病学,并且,用他的话来说,"焕然一新"。但是在西医治疗中——也就是他说的"生物医学"——患者就诊时他也看到了同样的现象。卡普特丘克进行了相关研究,结果显示安慰剂可以被直接用于治疗患者。他的一些突破性的研究就探讨了这一观点:就算患者被**明确告知**开给他们的药物是安慰剂,安慰剂也会起作用。这也支撑了另一个易被忽视的要点——当你拿到一张处方单时,帮助治愈你的不仅仅是那上面开的药,还有其他很多要素——包括你去看医生这件事本身、去进行预约这一行为、候诊室里的氛围、医生听你描述时的专注神情,以及诊所的工作人员为舒缓你的紧张情绪而提供的各种帮助。就算你被告知从药房拿到的其实是安慰剂,不会有化学物质来帮助你消除病症,以上提到的各种其他要素也都不会因此受到影响——它们仍旧会产生作用。

有人认为这种由各种戏剧性的要素构成的疗愈的剧院就是一种欺骗,卡普特丘克对这种观点感到愤愤不平。"我们向来将诚实奉为医学道德准则的核心。"他说。但话说回来,在每日都会上演的医疗情景中,医生或许的确没有诓骗患者,患者也的确没有被糊弄,但是我敢说,在医院和医生办公室中一定有**隐性**的欺骗和自我欺骗在发生,它们也是治疗能够成功的关键。在这样的情景中发生的事和在真正的剧院里发生的事几乎没有任何不同。当你观赏一出戏剧时,你很清楚你要是能少钻点牛角尖,少去质疑真假,你的观剧体验会好很多。当你看电影时,荧幕上出现"十年后",然后就切到了下一幕,你会自然而然地接受这个设定,因为你知道只有这样这个故事才说

妄想的悖论

得通——**而只有故事说得通，这部电影你才没有白看**。医学中也是同样的道理。正是医患双方心照不宣的欺骗与自我欺骗使得治疗过程中戏剧性的要素和仪式充分发挥了作用。如果患者的病情已经不容乐观，而安慰剂产生了作用——甚至是拯救了患者生命——那么可以毫不夸张地说，安慰剂就是最善意的谎言。医学伦理学家霍华德·布罗迪（Howard Brody）就把安慰剂叫作"疗愈的谎言"。

已有调查显示，大众对于更广泛地使用安慰剂是持开放态度的。问题在于，准许使用安慰剂，就意味着我们必须想出更细微的方式来谈论欺骗和自我欺骗。就像之前我们讨论过的教练和经理的例子一样，几乎不会有公司会在政策中明确表明允许欺骗，否则只会收到铺天盖地的批判和起诉。但是全面禁止欺骗和自我欺骗——如果这样的政策真的生效的话——就是将精华和糟粕一同丢弃。要想取其精华去其糟粕，无疑是困难的。在医疗指南中告诉医生有些情况下可以撒谎，这种做法根本没有实施的可能性。但是，正因为我们不想面对这些复杂难解的问题，想假装有效的政策都可以用白纸黑字写出来——比如，撒谎不对，诚实才是对的——我们让自己成了讽刺的对象：很多医生都意识到，他们的治疗有赖于疗愈的剧院。但是只有当任何人都不承认这一点，都"偷偷摸摸地"进行这类欺骗时，他们才能继续利用这一点。

早在现代医学诞生之前——早在人类出现在地球上之前——动物们就已经体验过受伤和病痛是什么滋味。而它们，

46

第三章 疗愈的剧院

比如可怜的剑鱼和乌龟,并没有CT扫描仪和X光机器。于是,动物的大脑做了所有大脑都会做的事情——利用起能被利用的一切。对于很多物种来说,尤其是群居物种,比如大象、狼和猩猩,它们大脑中的算法在几百万年间的试错中,学会了在动物受伤和生病时驱使它们去寻求其他动物的爱和关怀。这样做算不上是治疗,至少不能算是现代医学定义的治疗。但这么做有可能会增加它们生存下来的概率。一只陷入困境的小象如果向母象求助生存率就会更高,而独自离开或是被亲属忽视的小象生存率就会更低。随着时间推移,大脑中驱使动物去寻求帮助、信任同伴的部分——以及驱使看护者向所爱者提供安慰和保护的部分——被**保留**了下来。

这也就是为什么如今我们会注意到这样一种现象,每当自己或是孩子生病或受伤了,家人和所属的群体就会比往常更加凝聚在一起。大脑中古老的算法告诉我们要寻求帮助、呼唤别人来帮助我们,即便我们现在有了医院和药物,这些算法也依然存在。也正因如此,世界各地的人们生病时渴望从医生那里得到的,以及经受苦难时渴望得到的,依然是:理解、耐心和同情。如今,我们仅靠逻辑和理性建立起了现代医疗体系——我们也都曾去过——我们从科学和医学发现中受益良多,但直觉告诉我们,我们离真正的疗愈还有很长的路要走。

第四章
看不见的手

> 世上事物本无善恶之分,思想使然。
> ——威廉·莎士比亚,《哈姆雷特》

《胡话》(*Bullshit*)是魔术师佩恩(Penn)和特勒(Teller)出演的一档电视节目,里面分析揭露了各种假象和欺诈行为。在 2003 年播出的一期节目中,佩恩和特勒在加利福尼亚的一家高档餐厅里进行了一项非正式实验。这家餐厅有专门的"侍水师",他们就像侍酒师一样,只不过那些精美的瓶子里装的是水而不是酒。用餐的客人们会拿到一份用皮革装订的"水"单,上面的每一款水都附有极细致的描述,仿佛来用餐的都是懂水的行家。**可饮用自来水**(法语 *L'eau du Robinet*)被描述为"沁人心脾,法式风尚",同时不乏"凛冽、粗犷,与肉类菜品绝美适配"。**亚马孙**(Amazon)——取自"巴西热带雨林自然过滤系统"——水瓶里有"亚马孙蛛形纲动物",可与梅

第四章　看不见的手

斯卡尔酒瓶底的虫子相媲美。**富士山**（*Mt. Fuji*），"甘洌清爽，享誉远东，天然的利尿剂和抗毒素，助你重焕活力"。一名顾客赞美它尝起来"就像是舌尖碰到了冰川"。令这位顾客更加赞不绝口的是在最后被端上来的**能量饮料**（西班牙语 *Agua de Culo*）。他说这款水非常"有劲"。

你可能已经通过这档节目的名字猜到了，餐厅里的侍水师是演员假扮的。各种花里胡哨的瓶子里装的是都从花园水管里接的自来水。这就是一场戏，为了凸显买这些水的人有多么愚蠢。只不过是把用来洒庭院的水装在了瓶子里、标上了价格，竟然真的有人愿意花钱买。

可是，那些天花乱坠的评论真的只是胡说八道吗？如果人们回家后仍在回想自己刚才的经历，他们刚刚喝了世界上最棒的水——说不定他们以后每次参加晚宴时都会回想起那瓶"神奇的水"——如果是这样的话，瓶子里装的是花园水管里接的水还是别的什么水真的有那么重要吗？如果我觉得某个东西很好，愿意出高价购买，它在你眼中是"垃圾"又有什么所谓呢？佩恩和特勒认为，那些顾客的反应就是翻版的皇帝的新衣：他们之所以极力吹捧这些水，是因为这是他们被期待做出的反应。喝了取自富士山的价值不菲的水就**应该**有这种反应，于是他们就做出了这种反应。他们表现出大为震撼的样子是因为不想让自己看起来像个土包子。但是，请大家注意这里发生的逻辑跳跃。瓶子里的水绝对谈不上稀罕。然而，当我们假设用餐的人认为水很特别只是为了保住面子时，我们就是在假设水的味道只与它本身的物理特性有关。既然戏剧性的情节和期

妄想的悖论

望可以使关节炎患者的病情发生变化，那么在这些顾客身上难道就不会出现这种情况吗？

事实上，医学中安慰剂效应背后的心理因素**每时每刻**都在影响着我们的生活。不管是在亚马逊上下单，还是在慈善商店疯狂抢购打折商品，都是这些心理因素在影响我们作为顾客做出的每一个决定。现代经济的运转离不开一件秘密武器：讲故事。不论是购买钻戒、出售公司股票，还是拿人钱财忠人之事，本质上都是在**交易故事**。

大多数时候，我们意识不到这些故事的存在；我们作为经济活动参与者，想当然地认为我们买到的是实实在在的物品和服务，而不是故事。但有些时候，我们交易背后的玄机——以及金钱本身背后的玄机——会猝不及防地暴露出来。几年前，为了整顿逃税现象，印度政府突然宣布，市面上正在流通的货币中，超过 80% 将从当晚零时起作废。人们手里的钱一下子成了五颜六色的废纸。印度政府本意是想激出为了逃税将钞票都藏在家里的人，他们若是还不露面就等于直接放弃自己的财产。没想到的是，这一做法也意外揭露了金钱的本质——金钱就是大家都相信的一个故事，它的价值完全依赖于人们的集体信念和相互之间的信任。（此处简短补充一下，印度政府允许人们用作废的旧钞去换新的法定货币——一个新的故事。）类似的情况在战争结束后也会出现——政权更迭时，旧政权的货币就会失去价值成为废纸。当欧洲各国决定废除各自的货币改为统一使用欧元时，我就有一些德国马克没来得及兑换。这些货币之前有用途，但现在没有了。钞票本身并没有变化，但是

第四章 看不见的手

赋予它们价值的**故事**变了,所以它们没了价值,只剩下当时的故事供人回味。

同样,两杯水的化学成分或许一模一样。但是当我们给予一杯水期望和暗示时——赋予一个好的故事——它就发生了变化,变成了全新的水。这也就是为什么人们会觉得标着 75% 无脂肪的肉会比标着脂肪含量 25% 的肉更好吃。全球各地的公司每年砸下 5 000 多亿美元去进行广告宣传不是毫无缘由的。

如果有人问我们为什么喜欢某件物品,大部分人可以很快给出合理的回答。我们会说,我们喜欢 iPhone 是因为它设计新颖,使用起来高效、便捷。但这份喜爱一定程度上与苹果公司每年花费 20 亿美元宣传自己的产品如何新潮、如何特别脱不了关系。当苹果公司使我们相信它的产品不是普通的手机,而是有神奇魔力的手机时,我们也会比觉得自己只是有一部手机时更满足。这些充斥在我们生活中的产品并不只是组装好的零部件。

在制药业,新型药物比大家熟悉的老药更受消费者青睐,即便两种药基本上是一样的。医生和患者都经受不住医学界"重大突破"的诱惑。医生想要开具"尖端"药物。患者想要接受最新、最前沿的治疗。制药公司的广告——画面通常是恋人们在草坪上散步,年迈但精神矍铄的老人们在和宠物一起嬉戏——不仅仅会帮助提升销量。研究发现,这些广告还会增强安慰剂效应从而提高药物的疗效。你买到的不仅仅是药丸;电视上的伟哥广告会让你觉得你买到了活力、青春和旺盛的精力。

妄想的悖论

　　市场交易其实有两个层面。一个是普通层面——你买了一种药，如果有效你就会一直购买。如果你觉得没那么难受了，你会说这是因为药的化学性质起作用了。另一个层面的交易更加隐秘，但同样有着较强的影响力。它代表的是你和市值几十亿美元的制药公司间的欺骗和自我欺骗。消费者和制药公司双方都不会承认这一层面的交易。伟哥的生产公司辉瑞不会说："我们的药就是要骗你，让你觉得你能青春永驻。"你也不会说："伟哥让我能自己骗自己，让我觉得自己又回到了 25 岁。"事实上，诱骗在双方都不承认这是诱骗，且双方都坚信欺骗和自我欺骗不算欺骗时最有效。

　　各大企业有很多方法来打造产品背后的故事。最简单的方法或许就是佩恩和特勒在《胡话》里说到的：如果你想提升人们对产品的期望值，那就提高产品的价格。

　　1984 年，加州弗里蒙特市一家本已关门的通用汽车制造厂被作为通用和日本丰田汽车的合资企业的工厂重新投入使用。丰田想要在美国寻找制造基地，同时加深对美国市场的了解，通用则想学习日本的制造工艺。这家工厂并没有开发新型汽车，而是将丰田现有的一款车，卡罗拉，重新包装成通用的杰傲普林斯进行售卖。

　　卡罗拉和杰傲普林斯有着同样的设计、类似的制造材料，由同一家工厂的同一批工人进行生产。无论从哪点看，这两款都是一模一样的车。即使是在专业批评家看来，这两款车的性能也没有差别。按道理来说，它们的受欢迎程度应该也一模一

第四章　看不见的手

样。但是年复一年，卡罗拉和杰傲普林斯有了三处明显的差别。第一，卡罗拉的销量远超普林斯。第二，更令人惊讶的是，卡罗拉车主上报的维修问题比普林斯车主上报的要少。第三，卡罗拉车主的满意度比普林斯车主要高。

杰傲普林斯和丰田卡罗拉之间还有一个重要的差别：**价格**。卡罗拉的价格比普林斯高出约2 000美元。[更奇怪的是，普林斯不仅仅是刚开始时售价更低。它的贬值速度也比卡罗拉更快：根据杜克大学营销学教授德布·普罗希特（Debu Purohit）的分析，五年后，普林斯的平均贬值金额比卡罗拉高出520美元。]你或许会觉得顾客愿意多出点钱去买一台标志是丰田的车不足为奇——毕竟品牌很重要。这种做法可能并不理智，但是它再一次印证了品牌**故事**会在很大程度上影响顾客的购买意愿。不过，为什么两辆相差无几的车会有不同的贬值率呢？普林斯的车主又为什么会上报更多的维修问题？两辆车都是相同的金属、喷漆、电线电缆和螺丝钉。它们都是实际存在的物体，没有利用人们的心理进行欺骗这一说。在1990年至1997年间，卡罗拉和普林斯的车主们被邀请对自己车辆的发动机可靠性、变速器、驱动和燃油系统，以及车身硬件进行评分，普林斯车主给出了80%的好评，卡罗拉的车主则给出了100%的好评——两辆基本相同的车，好评率却有20个百分点的悬殊。

以上这些问题我稍后会进行解答，但首先请允许我从其他方面介绍一下产品价格和我们从产品中获得的价值之间的奇妙关系。价格影响购物体验的情况并不只限于汽车这样的大件。

妄想的悖论

就以红酒为例。我对红酒知之甚少，但是和大多数消费者一样，邀请别人来家里做客时，我很担心会暴露自己在红酒方面的无知。最近我在一家商店买了一箱红酒，我可以自己挑选不同的酒购买组合装。我在挑选的时候特别留意了自己是怎样选择的：我选了六瓶红葡萄酒和六瓶白葡萄酒。我看了标签，虽然我也没怎么看懂。我向收银员咨询了几次，但他基本对于我所有的选择都非常赞许——我估计是因为对于不懂的人来说，解释再多也是白搭。我还选了一些标签设计独特的酒，我承认这会很吸引我。另外我会选择年份更久的酒。有一件事我尽力避免去做，那就是通过价格来判断酒的质量。

你也许会觉得我买酒时过于谨慎刻意，这是因为在那之前我听说了加州理工学院经济学家安东尼奥·兰赫尔（Antonio Rangel）做的一项有趣的实验。兰赫尔教授和他的同事邀请了平时会小酌一下的人们来参加一场红酒品鉴会。摆在志愿者面前的红酒价格从 5 美元到 90 美元不等。但是，在志愿者不知情的情况下，兰赫尔和他的同事将 90 美元红酒酒瓶中换成了价值 10 美元的酒，也就是说，10 美元的酒和 90 美元的酒其实都是 10 美元的酒。

对于这个实验，你或许已经猜到了结果。当兰赫尔邀请志愿者们对不同酒瓶里的酒进行评价的时候，大家小嘬了几口 90 美元红酒的酒瓶中的酒（其实是 10 美元的酒），咂了咂嘴，然后说这个比 10 美元的酒要好。

在各位读者尽情开怀大笑的时候，我想告诉大家，其实很多类似的实验都表明人们在购买任何数量的物品时，不论是食

第四章 看不见的手

物还是衣服，都遵循一个法则，即贵的东西一定比便宜的东西更好，这其实是一种被科学家们称为"启发式"（heuristic）的心理捷径。启发式通常很有用。如果我们对两件商品都一无所知——除了价格——那么我们自然会认为贵的商品更好。丰田雷克萨斯比卡罗拉要昂贵许多，大多数人也觉得雷克萨斯更好。启发式的问题在于，聪明的营销者会利用我们这种心理捷径，以比普林斯售价高出2 000美元的价格出售和普林斯一样的卡罗拉。卡罗拉的购买者认为更高的价格（以及更好的品牌）就等于更好的车，就像上文中品尝红酒的志愿者们认为更贵的酒味道更好一样。

但最后结果表明，在兰赫尔的实验中是红酒行家们笑到了最后。研究人员对志愿者进行脑成像扫描发现了意料之外的事：当志愿者们品尝90美元红酒酒瓶中里倒出的10美元红酒时，大脑中某一部分的亮度比他们品尝从10美元红酒酒瓶中倒出的同样的酒时要高。大脑的这一部分叫作内侧眶额皮层（medial orbitofrontal cortex），当人们感受到快乐时就会被激活。也就是说，人们在喝90美元红酒酒瓶中倒出的10美元的酒时比喝从10美元红酒酒瓶里倒出的同样的酒时更快乐。他们不仅仅是推断更贵的酒更好——他们是真的觉得更贵的酒**味道更好**。瓶子里的酒是一样的，但是人们却因为更贵的酒的包装获得了更多快感。

"换句话说，你的预期变成了现实。"这项实验的共同研究者，来自斯坦福大学的行为经济学家巴巴·希夫（Baba Shif）说道，"如果我预期90美元的酒尝起来更好，显示人们实时快

55

感的大脑部位就会显示出更强的活跃程度。"

这项实验让我想到一个令人困惑的问题（也许对于其他红酒小白也是如此）。我们可能会觉得不就是一瓶酒吗，那些行家却非要花大价钱买更贵的酒，简直就是冤大头。但如果这些人因为花了更多的钱而感到更多的快乐，那么他们是被骗了，还是让钱花得物有所值了？归根结底，酒的价值**就是**给我们带来快乐。而这种快乐到底是本身就品质不俗的酒带来的，还是人们为它花了更多的钱带来的，真的重要吗？又或者说，不管你的快乐是来自酒这个物品还是酒背后的**故事**，你花的钱都给你带来了更多的快乐，不是吗？

巴巴·希夫的另一项研究表明，价格不仅能提升物品带给我们的快感，还能实际提升我们从物品中获得的帮助。几年前，他和同事们从健身房中招募了一些健身达人。心理学家们发给这些志愿者一种叫作 Twinlab Ultra Fuel 的能量饮料。他们对其中一组志愿者说这个饮料是花了 2 美元 89 美分买的，跟另一组志愿者说这个饮料原本卖 2 美元 89 美分，但是他们碰上促销用 89 美分抢购到了。然后这些志愿者像往常一样健身，研究人员在他们锻炼完后通过一系列量表对他们的锻炼质量进行评定。虽然志愿者们说饮料的价格不可能影响他们锻炼的质量，但是评定结果显示，喝了"打折价购买的"饮料的志愿者比喝"原价购买的"饮料的志愿者健身强度更低。不仅如此，喝了"打折价购买的"饮料的志愿者在锻炼结束时表示更累。

在第二个实验中，研究人员发给志愿者一种据说能提升精

第四章　看不见的手

神状态的饮料——SoBe Adrenaline Rush。研究人员还引导志愿者相信这个饮料会使他们头脑更灵活。与第一个实验不同的是，这个实验的志愿者需要自费购买这个饮料。一部分志愿者需要按全额购买——在这个实验中是 1 美元 89 美分——另一部分志愿者可以按打折价购买，也就是 89 美分。然后这些志愿者拿到一个有 15 道智力题的小册子，有三十分钟来解答。

这些智力题就是将乱序的字母重组成一个正确的单词。比如 T-U-P-P-I-L，就需要重组成 PULPIT（布道坛），B-E-R-K-A-M 需要被重组成 EMBARK（上船）。这一次研究人员没有问志愿者觉得自己表现得怎么样，而是直接去看客观结果：两组志愿者在规定时间内解出了多少道题？

理论上说，不管这两组志愿者是按全价购买了这瓶饮料还是按折扣价购买的，他们解出的题目数量应该相差不大。因为每组志愿者都是随机分配的。两组中应该都有格外擅长这类题的活字典式的人，也有格外不擅长的早早放弃的人。就算有差异，应该也不会太大——无非就是有一组意外分到了更多活字典式的人。

但是两组的表现可以说相差甚远。全价购买饮料的人解出的题目是按折扣价购买的人的几乎**两倍**。（你或许已经预料到，参与该实验的志愿者都不认同他们的表现会受到饮料价格的影响。）"这个结果太神奇了。"希夫在接受我的采访时说。

与这些产品有关的奇闻逸事——丰田卡罗拉和杰傲普林斯、廉价的红酒和昂贵的红酒、全价的能量饮料和打折的能量饮料——都反映了"价格 - 安慰剂效应"现象：当人们花了更

57

妄想的悖论

多的钱或是更少的钱时，他们的体验也会随之发生变化。

这种差异不仅仅反映在主观感受上，比如我们喝霞多丽时有多享受这杯红酒，还会通过客观事实表现出来，比如我们在喝全价购买的饮料时解出的题目数量，又比如相比于复刻的标价更低的普林斯，标价更高的丰田卡罗拉的性能有多好。

为什么卡罗拉车主会比普林斯车主上报的维修问题更少呢？杜克大学营销学教授德布·普罗希特认为，卡罗拉车主比普林斯车主更看重自己的车，因为他们付了更多的钱。因此，在需要更换机油、更换轮胎和维修小故障的时候，卡罗拉车主大概率会更勤快地处理这些问题，因为他们更爱惜自己的车。普林斯车主则因为付的钱相对较少，于是没有那么在意，久而久之最终导致卡罗拉和普林斯实际出现的故障也不一样。心态上的不同最终导致了客观结果的不同：使用后的普林斯比标价更高的"同胞兄弟"贬值更快。

价格只是质量的其中一个标志。公司还有其他方式来传递产品故事。我们从丰田和通用汽车的例子中就可以看出，品牌会对我们的产品使用体验造成非常大的影响。沃顿商学院的营销学教授阿梅里卡斯·里德（Americus Reed）认为，品牌在消费者心中代表的是"内涵体系"。当品牌引起消费者共鸣时，消费者就会觉得品牌是"我是谁"这种个人价值的延伸。里德用苹果的iPod举了个例子。

"iPod本身就是一个编造出来的概念。"里德在接受我的采访时说，"但是苹果公司做了一个非常明智的决定，它讲了

第四章 看不见的手

一个故事,将 iPod 渲染成有自我表达功能的产品,将它与其他 MP3 区分开来,虽然 iPod 本质上**就是**一个 MP3。所以,苹果公司其实是通过创造出一个专有名词,然后将这个名词与自我表达的品牌理念、创意、嘻哈、趣味、态度和潮流设计等等联系在一起,这样人们就会在心理上觉得这是个与众不同的产品。"

我们成为某种品牌的忠粉——比如以安全性著称的福特卡车,或是宣扬种族平等的服饰品牌贝纳通——就证明了在消费生活中讲故事的重要性。里德是从被他自己称为"苦乐参半"的经历中明白这一点的。里德因为膝盖出现问题不得不放弃了热爱的篮球运动,他转而选择骑自行车作为另一种活动方式。里德说,他当时"爱上了"兰斯·阿姆斯特朗和他的品牌"LiveStrong"。里德崇拜阿姆斯特朗的人生故事——战胜癌症,七次获得环法自行车赛冠军。每次骑车之前,里德都会带上"LiveStrong"的手环——"我一共有 50 个!"——并且会穿上兰阿姆斯特朗所在车队的队服。骑车的时候,里德会想想阿姆斯特朗,以便为自己"注入"力量。事实上,每当他在个人生活或是在工作中遇到困难时,他就会想一想这位自行车运动员的英雄事迹来激励自己。

直到后来,一切轰然倒塌。"当阿姆斯特朗服用兴奋剂的事情被报道出来的时候,我第一个站出来说:'这是假的!'"里德说。最后,当阿姆斯特朗承认自己每一次夺冠的比赛中都服用了兴奋剂时,里德整个人都崩溃了。"我感到无比心痛。"他说,"在那一刻,我觉得我失去了自我的一部分。"

妄想的悖论

"我清楚地记得，那天我把所有的'LiveStrong'的产品以及与阿姆斯特朗有关的装备装进袋子里、放到门外。"他向我描述了自己怎样拖着这些东西并把它们丢进垃圾堆，"这简直就像是一场葬礼。我觉得心痛是因为我的一部分偶像化的、有抱负的自我突然变成了浅薄虚伪的骗子。我感觉我对他的品牌的热爱让自己成了一个傻子，我那样努力想要拥有和展现那些品质，到头来却发现一切都是假的。"

如果品牌没有达到我们的期望，我们会无比气馁；反过来想，如果它真的兑现了承诺，我们应该也会受到莫大的鼓舞。事实证明确实如此。研究表明，如果将高尔夫球手分成两组，分发给他们一模一样的球杆，但是告诉其中一组他们用的是耐克的球杆，这组球手将球打进洞所需的杆数会比那些认为自己拿了非品牌球杆的球手要少。在需要很高认知能力的任务中也能观察到这种现象：如果让一群志愿者做一套数学测试，被告知拿到的降噪耳塞是"3M 海绵耳塞"的志愿者会比认为自己拿到的是普通耳塞的志愿者做得更好。（实验中提供的耳塞都是一样的。）高尔夫球研究中的研究人员——阿龙·加维（Aaron Garvey）、弗兰克·格尔曼（Frank Germann）和丽萨·波尔顿（Lisa Bolton）——发现，名牌产品能帮助提升表现的现象在新手中尤为明显。

在以上所有这些例子中——志愿者在打高尔夫、做数学题、解文字题、品酒时表现得相对较好——志愿者很少会承认**故事**在他们使用的产品中发挥了作用。极少人承认自己从iPhone、雷克萨斯或是拉菲中获得的价值不是源自手机、汽车

第四章 看不见的手

或红酒本身,而是源自这些产品被赋予的故事。欺骗和自我欺骗本就是在双方都不承认的时候效果最好。

正如我在引言部分说到的,当我着手查找和"爱之堂"类似的例子时,我发现它们随处可见。大部分事例中并没有骗子或是行骗大师,有的只是众人交口称誉的组织、市值几十亿美元的名企、普通的顾客和公民——如果检察官要彻底打击商业中的欺骗和自我欺骗,那相当大一部分经济活动就会受到波及。但正是因为这种欺骗和自我欺骗没有被承认,当有任何证据表明我们在生活中无时无刻不在被品牌故事欺骗时,我们就会非常生气。丰田卡罗拉的车主会告诉你,他们花了更多的钱是因为卡罗拉和普林斯就是不一样。患者在得知自己的病情是因为安慰剂而好转时会暴跳如雷。红酒行家最讨厌看到研究称红酒行家认为装在好酒酒瓶里的劣酒比劣酒酒瓶里的劣酒好。这对于他们来说是一种侮辱,好像在说他们其实尝不出来好酒和劣酒有什么区别。揭露了我们的心智如何运作的这些研究就像是《胡话》节目中花园里的水管一样,都是以打击人们的自尊心为乐。

但我们其实可以坦然地承认,我们的生活中就是充斥着这些故事:我们会给我们的孩子讲故事,给同事讲故事,给自己讲故事。如果你不喜欢这些故事,你可能会认为最好的世界就是没有故事的世界,一个人类的任何行为都受到双盲对照研究结果规定的世界。但这样就是在否认我们的心智的运作方式,否认这种**与生俱来**的运作方式。进化使我们的心智面对故事和

妄想的悖论

暗示、想象和自我欺骗时格外警觉，因为，经过几十万年的物竞天择，拥有能够适应故事的心智的物种才能更成功地将基因延续下去。

让我们回想一下动物摆好架势准备打架时的情景。它们很少会直接开战。通常情况下，它们会首先用各种各样的方式暗示这场打斗最后的**结果**。它们会挺起胸脯，大声咆哮，露出獠牙。万一你跟一只熊狭路相逢，最好的办法是将什么东西举过头顶，你整个人显得越高大越好。动物们在进化中学会了留意故事和信号，因为这能有效帮助它们在世界上存活下去。如果我和正在读这本书的你是塞伦盖蒂草原上的两头狮子，我们正要决出谁才是草原上最强大、最狠戾的狮子，这种情况下最不明智的做法——对我们俩都没有好处的做法——就是直接开始撕咬缠斗，因为我们可能会两败俱伤，或是同归于尽。更好的方式是，我们首先各自展示自己的力量，用**故事**告诉对方为什么胜利会属于自己。如果一方的故事比另一方更有说服力，我们或许不用真的打斗一番就可以判出孰胜孰负。这对于双方都有好处。动物求偶也是如此。雄孔雀开屏就是在讲**故事**。他在说："相信我，我的基因很好。"不擅长讲故事的雄孔雀——以及不会关注故事的雌孔雀——能够延续自己基因的概率就会较低。几百万年以来，故事讲述者和故事的听众不断繁衍生息，会讲故事和会留意故事的大脑系统也这样被保留下来——并传递给我们。

古希腊人曾这样描述两种不同的思维方式——*logos* 和

第四章　看不见的手

mythos。*logos* 指逻辑、经验和科学主导的世界。而 *mythos* 是指梦想、故事和符号主导的世界。就像当今的很多理性主义者一样，古希腊的一些哲学家重视 *logos* 而鄙视 *mythos*。他们认为是逻辑和理性使我们成为现代人；讲述故事和编造神话是原始人做的事。但是，当时和现在的很多学者——包括人类学家、社会学家和哲学家——注意到了更复杂的，*mythos* 和 *logos* 在其中相互交织、相互依赖的现象。根据这一观点，科学本身就依赖于故事。是我们用来理解这个世界的框架和隐喻让我们有了科学发现；它们甚至会影响我们会看到什么。当我们的想法发生变化的时候，世界本身也发生了改变。哥白尼革命代表的不仅仅是科学计算，还代表了一个新的关于地球在宇宙中的位置的故事。达尔文的进化论改变了我们看待自己的方式；它重新书写了人类在创造中的角色。那些了解爱因斯坦的见解的人会说，在他们眼中，物理不仅限于牛顿物理学，他们看到了一个更广阔的世界。

我非常认同第二种世界观。我们大脑的两部分是互相交织、互相依赖的。游戏规则和玩游戏的技巧是紧密联系在一起的。逻辑和理性，也就是 *logos*，要想创造更好的世界，就需要与 *mythos* 进行合作，与世界上的故事、符号和神话合作。

有这样一个例子：2007 年，在华盛顿一个地铁站外的垃圾桶旁边，一个戴着棒球帽的街头音乐家站在那儿演奏小提琴。他在 43 分钟的时间里演奏了六首经典曲目，其间有 1 000 多名通勤的人经过。几乎所有人都无视了他，只顾着匆匆赶路，仅有 27 个人停下来听他演奏。而这个街头音乐家，是约

妄想的悖论

夏·贝尔，世界上最伟大的小提琴家之一。那些匆忙赶去上班的人或许曾花过几百美元，只为能在音乐厅听他演奏。在街头表演期间，贝尔总共收到37美元12美分，不算入某个认出他的人给的20美元。贝尔演奏中用的琴是斯特拉迪瓦里在1713年制作的名琴吉柏森（Gibson ex Huberman）——价值将近400万美元。

这是《华盛顿邮报》主导的一次社会实验，《华盛顿邮报》还专门发了一篇专题报道。从很多方面来看，这就像是佩恩和特勒的天价水实验的另一面：如果将普通的水进行华丽的包装，人们会分辨不出来，傻傻地掏腰包；而当天才没有华丽地出场时，人们也认不出来。《华盛顿邮报》那篇报道的弦外之音是，人们太傻了，错失了欣赏伟大的音乐演奏的机会。报道也引起了人们的共鸣，最后获得了普利策奖。

但是这个故事漏掉了一个重要的心理现象：你火急火燎地赶去上班时听到的约夏·贝尔站在垃圾桶旁边演奏的音乐，和你花了几百美元坐在音乐厅里听他演奏的音乐完全是天壤之别。当你拿出攒了很久的钱，和其他热爱音乐的人一起坐在音乐厅里时，你会全身心地沉浸在音乐中，这时你的听感、你的心态都与以往不同，最终你听到的音乐也不同。约夏·贝尔之后在《华盛顿邮报》的另一篇报道中也承认，他在地铁站外演奏的音乐与他在所有人都屏息凝神的音乐厅里演奏的音乐是不一样的。这并不是说你在大街上就不会听到好的音乐。而是我们应该认识到，一首曲子和它的**故事**能极大程度地改变我们听到的音乐。故事变了，音乐也就变了。

第二部分

寻找意义

第五章
心中自有定论

如果爱不能是平等的，
那就让我成为爱得更多的那个。

——W. H. 奥登
《爱得更多的人》(The More Loving One)

在漫长的进化过程中，自然发明了众多方式来应对有机体面临的挑战。残酷的自然选择让动植物摸索出了各式各样抵御严寒、酷暑、病毒和天敌的方式。随着动物的大脑进化得越来越复杂，以及随着动物进化出情感，有机体发展出了抵御情感上的威胁的机制。在这些防御机制中，很多都是以自我欺骗的形式存在的。

近些年，心理学家和神经科学家已经向我们证明，人类的大脑生来就会在感知和判断上出现错误。这些"错误"——扭曲、短路以及其他认知上的错乱——使我们对现实的理解出现

妄想的悖论

偏差。而它们的存在是有原因的：进化过程表明，平均来说，这些错误能大大增加生物存活和繁殖的可能性。你要是认为进化会帮助我们看清现实，那你可就大错特错了。自然选择的标准只有一个：进化的"拟合度"（fitness）是以什么能帮助我们生存以及延续基因为标准的。

就以爱这种情感为例。大部分人认为爱是人类发展的支柱，一部分人认为我们感受爱的方式在这个星球上是独一无二的（而且比其他动物要高级）。但是，和其他情感一样，爱也是大脑化学反应的产物。我们之所以能得出这个结论，是因为神经失调的人会对爱失去兴趣，有时还会丧失感知爱的能力。为什么自然选择要让我们的大脑进化出这种有时会与逻辑和理性相违背的情感呢？答案其实很明显，不是吗？小时候，我们会盲目地爱我们的父母，因为这种羁绊能给我们庇护和安全感。青少年时期，我们极其渴望与别人产生联系——去找到我们的同类——因为一直以来找到了同类就意味着有了庇护。当我们成年后，爱驱使我们去寻找伴侣。然后，当我们有了孩子时，爱又让为人父母的我们将自己的需求（有时甚至是理智）放在一边去照顾和保护自己的孩子。这上面的每一步，都是爱在驱使我们去做能保护我们的基因的事情。这些我们自以为是自主做出的"选择"其实是为更深层次的目标服务的。（这其实有些可怕：我们不仅仅是木偶，还是以为自己是在自主行动的木偶。）

如果以这种近乎冷血的方式看待爱让你觉得痛苦的话，我们不妨来思考一下这个问题：如果你需要设计一系列可以自行

第五章　心中自有定论

复刻的机器人并把它们送到一个遥远的星球,之后再也不会有它们的音讯,你要怎样确保它们能在你无法预料的环境中存活下来并不断繁衍?你会给这些机器人设计怎样的系统和驱动器?你会希望它们能知道怎样保护自己,所以你会给它们灌输恐惧——这样它们才会知道要避开危险。你会希望它们能保护年轻的一代,所以你会通过编程让它们为了自己的后代可以不顾一切。你会希望它们不要自相残杀,所以你会给它们植入情感,让它们能敏锐地感知到集体的需求和规范,能在自己的欲望和集体的目标之间找到平衡点。你不会把它们设计成只知一味委曲求全、遇到灾难就直接放弃挣扎的机器人。相反,你会希望它们能拼尽全力争取在最艰苦的环境中存活下来,即便它们之中大部分会被毁灭。为了实现这些,你不会把理性分析和准确的感知作为它们唯一的主导原则。你会植入一些时不时让理性短路的故障。你会创造妄想和自我欺骗的机制。

当你代入设计者的角色时,你就会明白,你的目标不是要拯救某个机器人的生命,或是关心某个机器人的幸福。如果你植入机器人脑中的令现实扭曲的故障导致了少数机器人的死亡,但却使这**批**机器人存活了下来,你会说你植入的这个故障是成功的。你的目标不是要保住某个个体。你是要保住这个**物种**。

因此,如果我们的大脑总是优先考虑真相的话,反倒不可思议了。我们的直觉和情感不断进化是为了解决生存和繁衍的问题。虽然,不可否认的是,看清世界通常有利于实现生存和繁衍的目标,但是**不**看清世界也通常有利于实现这些目标。这

69

妄想的悖论

样看待事物会让我们觉得有些不安，因为它迫使我们认清，我们作为个体（正如同我们设计的那些假想的机器人一样），只是为了将人类基因延续下去的系统中一个不起眼的齿轮。但是，这种观点并不是新近才出现的：理查德·道金斯和其他进化生物学家已经说过，生物个体仅仅是基因的"生存机器"（survival machines）。我们会出生、死亡，但我们的基因会延续下去。基因由我们的父母遗传给我们，再由我们遗传给我们的孩子——从一个生存机器延续到下一个生存机器。

在接下来的几章中，我们会探讨自我欺骗是如何帮助塑造人类拥有的各种最深厚的关系的。连接起父母和孩子、恋人和恋人、小狗和主人的纽带往往由大量的妄想编织而成。从这类关系中，我们可以了解到自我欺骗脑是如何帮助我们获得目标感和意义感的——虽然从逻辑和理性的角度来看，这两者的产生都毫无缘由——以及，为什么将理性作为唯一的标准会给我们的生活带来严重的不良影响。

一个叫安德烈·贡西尔（Andre Gonciar）的人为付买房首付存了 3 万美元。当他家里某位年迈的家庭成员生病了需要换肾时，他一点儿也没犹豫就把存款取了出来。贡西尔四处奔走，找到了一位器官捐献者，然后买票、订旅馆，并约定和宾夕法尼亚大学的一位器官移植医生见面。

这位生病的家庭成员是贡西尔的猫，名叫大木（Oki），已经快 12 岁了。贡西尔在罗马尼亚的一条小溪里发现了它，十分喜爱。医生为大木找到的器官是从另一个动物——一只叫彻

第五章　心中自有定论

丽·加西亚（Cherry Gaicia）的流浪猫——身体里取出的。贡西尔是这样解释的：首先，彻丽·加西亚如果一直待在流浪动物收容所里最后可能会被执行安乐死。其次，作为回报，贡西尔和他的妻子会领养加西亚。

这场手术花费了贡西尔大约1.6万美元，还不包括他从布法罗出发一路上的车旅费、住宿费以及术后护理的费用。这是哥伦比亚广播公司（CBS）报道的一个故事，标题是《一喵值万金》（Purr-Ricey）。医生说这样的移植手术一般能帮动物延长三年的寿命。有人问贡西尔，为什么要在一个已经老弱了的宠物身上花这么多钱。他说："我一般都告诉他们，想象一下那是你自己的孩子或者母亲，然后再问问自己相同的问题。"

电影《天堂之门》（Gates of Heaven）也传达了和贡西尔的故事相同的寓意。这是一部1978年上映的关于宠物公墓的纪录片。在影片中某一处，宠物公墓的老板卡尔·哈伯茨（Cal Harberts）讲述了自己是怎么想到要经营宠物公墓的。"我只是觉得，任何神，或者任何至高无上的存在、任何对人有同情心和关爱的存在，一定对所有的生灵都非常关心。上帝会知道麻雀坠落、百合盛开，所以在天堂之门，怜悯苍生的上帝，或是任何怜悯苍生的至高无上的存在，一定不会说：'你是用两条腿行走的，你可以进。你是用四肢行走的，你不能进……'和我交谈过的宠物主人都和我有一样的想法。"

已故的影评人罗杰·埃伯特（Roger Ebert）曾写道，《天堂之门》带给他的"思考要超过"其他任何一部电影。他把这部电影看了不下三十遍，认为它可以列入史上最好的十部电

71

妄想的悖论

影。埃伯特说，这部电影是"不可归类的电影……是对观众的试金石，哪些人不能分辨出是认真还是讽刺、是搞笑还是悲伤、是同情还是嘲笑，一试便知。"

《天堂之门》，这部埃罗尔·莫里斯（Errol Morris）执导的首部作品，从表面上看，非常平凡：整部影片几乎都是由公墓工作人员和悲伤的宠物主人的采访组成的——都是像安德烈·贡西尔一样对动物爱得深沉的人。某种程度上来说，这部影片是荒谬的，带着黑色幽默。"时不时，动物园里的长颈鹿会死去，有人会失去他的'大块头'，有人会失去他的熊'乔'。"肉品加工厂的厂主说，"我们不能承认这些动物最后到了我们这儿。"电影中的某些片段会让人感到压抑和不安。《电影季刊》（Film Quarterly）里的一条影评曾提及这部电影充满"恐惧和孤独感"，并且，电影展现出的"人生巨大的可怕之处让观众觉得喘不过气来，而这种恐惧经常就存在于最平静的日常生活中"。

但是，随着你慢慢看下去，你会看到人们对宠物看似荒谬的爱的背后是救赎：是的，人生或许很凄凉，但我们可以使这种凄凉的人生变得有意义。人们对宠物的浓烈的爱，乍看之下是痴傻的、荒谬的，但是你会逐渐对这份感情感同身受，甚至认为它是美好的。埃伯特对这部电影的最终看法是，它讲述的是"最孤独的人拥有的希望"以及"人类最深处的需求，对陪伴的需求"。

这种想法就是影片中一位叫弗洛伊德·麦克卢尔（Floyd McClure）的人的经历的写照。麦克卢尔下半身瘫痪，是个热

第五章 心中自有定论

爱动物的人,他讲述了当他小时候在北达科他州的农场生活时,他的柯利犬被一辆福特 T 形车撞了的事。"直到他死之前,我都一直把他抱在怀里。"他说。麦克卢尔把小狗安葬在了一块临湖的美丽的土地上,他认为这是那只小狗应有的待遇。他的梦想是,每一个爱动物的人都能有机会安葬自己的动物,以此表达对动物的爱和尊重。于是,他最终建了这个漂亮的宠物公墓,但却只能看着它因为残酷的生意困境而衰落。麦克卢尔回忆道:"我们安葬过蛇、老鼠、猴子、小鸡,还有小老鼠。我们接收过各种各样的啮齿动物。当然还有狗和猫,这是最主要的两种宠物。但是当然了,是什么类型的动物并不重要。"唯一重要的是这些动物都完成了自己的使命——"爱和被爱"。

如果你不养宠物,一开始了解到 CBS 报道的安德烈·贡西尔的故事和埃罗尔·莫里斯的纪录片时,你可能会想翻白眼。社会心理学家把这种反应叫作"朴素实在论"(naive realism):每听到一个故事时,我们会问自己有什么样的感受。我们假设自己是故事的主人公,问自己会替他们做出什么样的选择。我们会**朴素地**认为,我们对于事实的看法是"正确的",任何持其他观点的人一定是有偏见的、愚昧的、无知的。就像喜剧表演者乔治·卡林曾说的那样:"难道你没有注意到,在你眼中,任何车开得比你慢的人都是傻子,任何开得比你快的人都是疯子?"

朴素实在论在日常生活中的作用不可小觑,它会让我们去质疑别人的做法,会让我们觉得只要是与自己不同的做法就是

妄想的悖论

荒谬的、错误的。当我第一次听到"爱之堂"的故事时，我对它的看法就是基于朴素实在论：几十年间，唐纳德·劳里，一个伊利诺伊州的中年男人，虚构了几十个不同的女性并以她们的口吻写了几百封情书寄给美国各地几千个男人。很多男人回信了。对于一些人来说，这是一个供人消遣的笑话。对于另一些人来说，这是奇闻逸事。但是对于很多男人来说，这是一件非常严肃的事。这些男人想象他们是在和真实存在的女性通信，和她们相爱。当邮务稽查员在1988年揭露这场骗局的时候，很多人去到劳里的审判现场去为他辩护。当从朴素实在论的角度来看待这件事时——我问我自己我会做出什么选择——"爱之堂"的会员实在荒谬可悲。

但是之后，我非常有幸认识了其中一个会员。他的名字是约瑟夫·恩里克斯（Joseph Enriquez）。我在为广播节目《美国生活》（This American Life）报道一则故事的时候意外认识了他。［最终播出来的那一期叫作《赫塞的女孩》（Jesse's Girl），因为约瑟夫·恩里克斯要求化名为赫塞，这是他的中间名。］第一次采访约瑟夫时，我就发现他是一个很有魅力的人。随着我对他的了解不断加深，又听说了他的童年和各种遭遇后，我经历了很多人在观看《天堂之门》时出现的态度上的转变。一开始看起来荒谬的事件逐渐变成是勇敢的，甚至美好的。离开的时候，我已经确信约瑟夫不平凡的故事其实存在很大的共通性。我报道的故事在《美国生活》，以及之后在《隐藏的大脑》上播出后几周甚至几个月内，世界各地的听众联系我跟我说他们如何被约瑟夫的故事所打动——以及如何在约瑟

第五章　心中自有定论

夫的故事中看到了自己。

我想在之后的章节中向各位读者尽可能详细地讲述约瑟夫的故事。对于我来说，这个故事是一个特别的窗口，能让我们了解到自我欺骗脑如何驱使我们去追求有意义的生活。为了能从约瑟夫的视角理解他的故事，而不是我们的朴素实在论，我们不仅要了解发生了什么，还要了解约瑟夫之前的生活经历。

假设我们在看一部纪录片，现在荧幕逐渐黯淡下来。慢慢地，镜头将我们带入得克萨斯州尘土飞扬的达尔哈特镇。在得克萨斯州西北部，这个小镇就像是一片绿洲一样坐落在光秃秃的褐色平原上。达尔哈特镇曾经养牛业发达，是得克萨斯州狭长地带最大的城镇。它最有名的是面积达到 300 万公顷的 XIT 牧场——曾是世界上最大的围栏牧场。随着 20 世纪初牛肉市场急剧衰落，XIT 牧场也分崩离析了。但是时至今日，达尔哈特依然自诩为"XIT 牧场之家"（The Home of the XIT）。每年八月，那里仍然会举行一年一度的牛仔竞技和团圆大会（XIT Rodeo and Reunion）。

达尔哈特让人印象深刻，还因为它处于尘暴区，以及一个不知道消极为何物的男人。这个人叫约翰·麦卡蒂（John McCarty），是《得州达尔哈特人》（The Dalhart Texan）的老板、编辑和出版商。这家报社原本是达尔哈特主街上的一个地标建筑，麦卡蒂在经济大衰退中期接手，他当时发誓，只报道积极向上、振奋人心的故事。在因经济衰退导致的最黑暗的日子里，他一直坚守着这一誓言，哪怕达尔哈特因为尘暴区发生

75

妄想的悖论

的环境灾难而遭受严重打击时也仍然没有动摇。"向沙尘暴致敬！"他曾写道，"瑰丽属于希腊，光荣属于罗马，不惧死亡的荣誉属于在阿拉莫浴血奋战的不朽英雄……但是这些，在得州狭长地带的沙尘暴面前都不值一提。"他声称尘暴区是"振奋人心的"，呼吁读者们"赞美大自然"。当麦卡蒂组织公众集会对抗沙尘暴的时候，镇上的居民们成群结队地前去参加。他的人生故事就是对这一信念的致敬：只要有希望，就足以让梦想成真。

1935年是人们因为沙尘暴处于至暗时刻的一年，也是最能体现麦卡蒂绝不动摇的乐观主义精神的一年。当时，一个之前做投机生意的人来到了镇上。他叫特克斯·桑顿（Tex Thornton），整日大话连篇，最爱女色和各式花哨的钻戒。桑顿——外号是"油井消防员之王"（King of the Oil Fire Fighters）——算得上是得克萨斯州的传奇人物中的传奇人物。桑顿吹嘘自己有解决连年干旱的办法：他要让装了硝化甘油的气球在空中爆炸，把空气中的水分炸出来。麦卡蒂是他最大的拥护者之一，达尔哈特绝望的农夫们也拿出了一大笔钱请桑顿大显神通。但是一滴雨都没落下来。有几个农民叫桑顿骗子、诈骗犯。其他人则仍然怀抱希望。之后，一场由新墨西哥移动到得克萨斯平原的小雪飘落，很多人都把这归功于桑顿的那场烟花。

差不多同一时期，福斯蒂娜·恩里克斯（Faustina Enriquez）从墨西哥出发，踏上了向北的漫长旅途。她首先经过了达尔哈特，最终要去到落基山脉南边山脚下的肥沃的农

第五章 心中自有定论

场。她身材娇小,有着一张圆脸和一头黑发。她的家乡在墨西哥高原中部。就像身处尘暴区却依然乐观的达尔哈特居民们一样,福斯蒂娜的心中也充满希望。她和许多移民者一样,将家人、过去和家乡抛在脑后,梦想着能过上更好的生活——为了她自己,也为了她的孩子们。

她的丈夫在科罗拉多的农场上靠摘哈密瓜养家糊口,并死在了那里,即便这样福斯蒂娜依然乐观向上。这个年轻的母亲只身一人带着尚且年幼的孩子们在异国谋生。她几乎不懂英语。但她仍然坚持着。几个月里,她靠一辆马车带着孩子们四处去做苦工,晚上他们就像沙丁鱼一样一起挤在简陋的营帐里睡觉。最后,福斯蒂娜存够了钱,在达尔哈特买下了一套属于她和孩子们的小房子。

她的家庭不断壮大。儿子赫塞和一个叫露丝(Ruth)的年轻农场女工结了婚。福斯蒂娜成了三个孩子(三个都是女孩)的祖母。赫塞的大女儿苏菲(Sophie)做事认真,有责任感。二女儿凯瑟琳(Catherine)是个开心果。小女儿伯妮斯(Bernice)是三个孩子中最有冒险精神的,也是最像美国人的。伯妮斯最先考了驾照,并最先结婚离开了家。但是这个家庭盼望着能有一个男孩,好将家族姓氏传承下去。一直到小女儿伯妮斯出生也有十年了,大女儿苏菲已经18岁了,这家人仍然这么希冀着。

1953年,赫塞和露丝的儿子约瑟夫·赫塞·恩里克斯出生了,此时距离特克斯·桑顿带着他的气球来到达尔哈特已经将近二十年。对于赫塞和露丝来说,他们的小儿子能够出生简

妄想的悖论

直就是个奇迹。福斯蒂娜爱极了她的孙子。虽然约瑟夫只会说些断断续续的西班牙语，但他知道自己在祖母的眼中是特别的。她会给他做他最爱的食物——绿色的玉米叶包起来的玉米粉蒸肉——当公鸡在院子里追着自己跑的时候，她会夸张地喝退它们。

约瑟夫读的是帕多瓦圣安东尼教区学校。这个地方讲究纪律，组织结构分明——干了坏事就会被修女打指关节或是揪耳朵。但是约瑟夫喜欢这样的结构。这让他觉得自己是集体的一部分，是团队中的一员。所有的学生都被叫作"十字军战士"（Crusaders），都要遵守包括"博爱""谦逊顺从""全力以赴"等在内的道德规范。约瑟夫很喜欢修女玛丽·克莱尔（Mary Claire）——她的脸上总是洋溢着亲切的微笑。当肯尼迪总统在达拉斯遇刺时，她带着所有的学生一同为总统祈祷，课间休息时她会和学生们一起打闹嬉戏，这些时刻约瑟夫永远都不会忘记。有时她还会跟学生们一起打橄榄球，她打四分卫。就在约瑟夫在圣安东尼的学习时光快要结束时，他们打了一场橄榄球赛，约瑟夫接住了克莱尔修女传的球触地得分。这是他在学校里最快乐的记忆之一。

约瑟夫是个独来独往的人。跟同龄人在一起的时候，他总是敏感又害羞。他从教区学校转到公立学校读初中后，很快便发现小孩子可以有多残忍。约瑟夫当时有些胖。青春期时他长了很多痘，这让他成为被欺凌和嘲笑的对象。有时他会难受到只想"钻到洞里"。约瑟夫的同学们都各自组成了小团体，但他不属于其中任何一个。他没有亲密的朋友，也很少参加在达

第五章 心中自有定论

尔哈特很流行的校橄榄球赛。偶尔有一次他参加了,但有人从看台上朝他扔了一块冰。冰砸在了他的脸上,整整一周他的一只眼睛都淤青着。约瑟夫坚信自己被孤立了,成了活靶子,总有人想伤害他。

一有机会,约瑟夫就会在各种各样的故事中寻求安慰。他喜欢漫画书。达尔哈特镇曾有一家老牌二手书店,他总在那儿买书。约瑟夫最喜欢的漫画人物是吸血鬼梵蓓娜(Vampirella),一个体型丰满的女英雄,穿着吊带比基尼,带领善良的人类和邪恶力量作斗争。约瑟夫也喜欢X战警。他能和这些人物产生共鸣——因为不一样而成了圈外人,成了被伤害的人。

看电影是约瑟夫逃避现实的另一种方式。在周末,约瑟夫有时会跟着表哥们去城区的剧院,或是藏在毯子里让表哥们把他偷偷带进汽车影院。约瑟夫喜欢怪物电影,尤其是波利斯·卡洛夫、文森特·普莱斯和朗·钱尼演的那些经典影片。有一部电影在他还是个孩子时对他触动极大,那就是《钟楼怪人》(*The Hunchback of Notre Dame*)。这部电影打动他的原因和X战警一样:一个遭人误解的、善良的人只因为与别人不同就要被迫害。约瑟夫在位于达尔哈特城区的拉·瑞塔剧院看了经典的1939版的《钟楼怪人》,那里还会发放查尔斯·劳顿的照片。他目不转睛地看完了整部电影,直到标志性的最后一幕,加西莫多孤独凄凉地靠在滴水嘴兽上,哀切地低声说道:"为什么我不能像你一样是石头做的呢?"

约瑟夫高中毕业后在他父母开的墨西哥餐馆里工作,他从小就在那儿帮忙,收拾收拾桌子,做些零零碎碎的小活。他的

妄想的悖论

父亲把他带在自己身边培养。他们俩一起作为厨师互相帮衬。就这样一直过了很多年，生活也算不错，但是约瑟夫渴望更多。他想有自己的家庭。但他从没交过女朋友，更不用说正式交往的那种了。

然后，突然之间，一切都变了。20 世纪 80 年代初，约瑟夫的母亲被诊断出胆囊感染。她连着做了三次手术，消瘦了许多，约瑟夫觉得自己一只手就能把她抱起来。在她生病三个月后，她在达尔哈特的一家临终关怀医院病逝了，走的时候约瑟夫在她的床榻旁握着她的手。

不久后，约瑟夫的父亲被诊断出心脏有问题。约瑟夫有可能会接着失去他的父亲。从约瑟夫记事起，他就从没和他的父亲分开过。约瑟夫最快乐的一些记忆就是帮助父亲做东西：他们一起做过一个木头搁板来装点家里的休息室。

约瑟夫觉得自己在这个世界上踽踽独行。他的姐姐们都成家了，分散在五湖四海。现在他能感觉到父亲在日渐衰弱。餐馆也不景气了。他们关闭了一家门店，又开了一家新的。然后，他们又发现因为会计失职他们拖欠了税款。约瑟夫觉得自己跌到了谷底。就像那些曾将希望寄托于硝化甘油气球的农民们一样，约瑟夫迫切想要抓住一根救命稻草。就是在这个时候，他收到了"爱之堂"寄来的第一封信。

在那之前的几年里，约瑟夫也订阅过单身汉邮件。一开始，他收到的基本是付费看裸照的邮件，或是露骨的卖淫邮件。约瑟夫对这些都不感兴趣。他想要的是生活伴侣，是妻子。这次不一样。这封信看起来像是手写的,寄信的是一位年轻的女士,她说自己在找朋友。她告诉约瑟夫自己过着艰难的生活,她在伊利诺伊州一个偏远林地里的庇护所找到了栖身之处。她把那个地方叫作"避风港"(Retreat)。还有其他女性也生活在那儿,大部分过得很苦。有一些在为了戒掉毒瘾和酒瘾苦苦挣扎。另一些婚姻破裂,或是被丈夫家暴。在避风港的女性没有太多机会去接触善良真诚的男性。于是她写了这封信。

约瑟夫看到信的抬头时不由吃了一惊:上面写着"科尔国际"(Col International),字体是之前公共事业振兴署的那种立体样式,旁边是一个公司标志,看起来有些像是美国原住民形象的剪影。约瑟夫被吸引了。他回了一封信。

很快,他开始收到避风港的好几位女性寄来的信件。她们跟他讲述那里的院长——名叫玛丽亚(Mother Maria),一位像天使一样的女性——是她收留了她们所有人。玛丽亚将自己全部的精力都投入这个机构当中,还为避风港制定了规则。这些女性还会跟约瑟夫讲述她们的生活——就像笔友一样。只不过有些女性似乎是属于比较狂野的那一类。但总的来说,约瑟夫觉得大部分女性很不错。最吸引他的是唐·梅菲尔德(Dawn Mayfield)。从她随信寄过来的照片上看来,她似乎是一位很娴静端庄的女士,有着一双绿色的眼眸。她说她和自己的双胞胎妹妹特里(Terry)一起生活在避风港。唐就像是个教养良好的邻家女孩,是那种能让约瑟夫自豪地带回家介绍给自己母亲认识的人。唐说自己有些内向,说她喜欢读他写的信,这让约瑟夫感到很开心。

妄想的悖论

　　偶尔，会有人找他要钱：这个人要10美元，那个人要20美元，用来买写信的文具，或是为自己的花园买些种子，又或是买个新的打字机。这些通常被形容为是自愿的捐赠行为，或是"爱的奉献"（Love Offerings）。约瑟夫从没觉得自己是在用这些钱换回什么。他很享受收到信的时刻，也乐意参与"爱的奉献"。作为回报，这些女士寄给他一张她们的组织"科尔国际"的"会员证书"，上面写着该组织"成立于1965年"。"科尔国际"实行等级会员制，每种等级的称号听起来都像是某个秘密协会里的头衔。约瑟夫收到的信件通知他他被授予中级头衔"圣殿骑士"（Templar），他还收到一封承诺书让他签字并承诺会秉承"骑士精神"。这让他想起了他在圣安东尼教区学校的日子。

　　约瑟夫还收到了一份简短的个性测验。在避风港的女性说这能让她们更了解他。她们还让他填了一张表，打钩选择自己喜欢的和不喜欢的。约瑟夫勾好了之后寄回去了，他在里面说自己"喜欢"去乡村旅行，喜欢恐怖电影、飞盘和孩子，"不喜欢"酒、电视传教，还有跑车。

　　和避风港的女性通信往来大约一年后，约瑟夫收到了一封自称是玛丽亚院长新的"首席助理"的来信。她说自己叫帕玛拉·圣查尔斯（Pamala St. Charles），来自一个有十个孩子的贫穷家庭。帕玛拉18岁时结了婚，但丈夫家暴她，那段婚姻对于她来说就是一场灾难。玛丽亚院长收留了她，帮她度过了那段困难的时期。帕玛拉还和信一起寄来了自己的照片：她是有着大眼睛的棕发美人，留着费拉·福赛特式的发型。约瑟夫

第五章　心中自有定论

觉得她算得上是自己见过的最美的女性。

帕玛拉说她看过了他的个性测验。"我脑海中浮现的是一个不会轻易向别人敞开心扉的人，"她写道，"或许是因为你对很多人不信任，又可能是因为你觉得他们不会对自己的事情感兴趣……也可能是你害怕被人误解。"帕玛拉还告诉他，她猜测约瑟夫没有和很多女性约会过，也没有结过婚，因为他"害怕自己会受伤或失望"。

随着与帕玛拉的交流越来越多，约瑟夫觉得自己和她的距离越来越近。她告诉他，自己和他有一样的感受。约瑟夫对于两人有许多共同点也感到很开心。他们都是拉美裔——更确切地说是西班牙裔，但同时又有美国原住民的血统。他们都有生病的家人。约瑟夫告诉她，自己的父亲有心脏病，以及看着母亲最终被疾病拖垮逝世时他有多心痛。帕玛拉则回信跟他讲述自己酗酒的家人。她的祖父因为一辈子无节制地喝酒，肝出现了问题，现在住在疗养院。祖父还得了老年痴呆。看着他病情不断恶化，她非常心痛：

> 我的祖父已经病了有一段时间了，病情好像越来越糟。医生说他可能没多长时间了。我只能祈祷他能少受些苦。
>
> 有好几周，他病得太重以至于都认不出我了。有时候，他好像又是清醒的。很显然，这一切都是因为他的肝出了毛病……
>
> 现在，他已经变得口齿不清。我都不知道他能不能听见我跟他说："祖父，我爱您。"他只是直直地看着前面，

妄想的悖论

不均匀地呼吸着。

　　我有你可以倾诉真是太好了，亲爱的。这段时间我很难过，我很感激你在这里，我知道你能明白我的感受。

　　我也想给你写一些更开心的内容，但是因为你是我的朋友，我想你不会介意我向你倾诉我的苦楚。

　　我不是一个非常信教的人，但是今晚我会为我的祖父做长长的祈祷。我希望你也能为他祈祷。

约瑟夫觉得帕玛拉和自己一样也非常看重家庭。"我真的很不喜欢在这个国家大部分老人被扔到一旁无人照看。"帕玛拉写道，"我从祖父以及像他一样的人那里学到了很多——不仅仅是人生，还有以前生活没有这么复杂这么匆忙的时候一切是什么样的。"

帕玛拉告诉约瑟夫自己经常感到孤独。她说，有一次她觉得自己被悲伤淹没时，不停地循环播放尼尔·萨达卡的《饥饿年代》（The Hungry Years）："我知道如果生活中没有爱的话会有多悲惨。我知道当你感觉没有人想和你在一起或没有人需要你时有多痛苦——以及当你觉得没有人真的关心你的时候有多痛苦。"帕玛拉说，玛丽亚院长给她起了一个昵称："孤独的孩子"（Lonely One）。

大部分时候，约瑟夫和帕玛拉就是在分享生活中各种细微的日常。约瑟夫很喜欢这些信，这让他们感觉很亲密，就像是在枕边蜜语一样。帕玛拉会给他讲自己生活中发生的各种小

第五章　心中自有定论

事，就比如有一次她和她的贵宾犬吉吉（Gigi）一起去密西西比河玩：

> 突然，有一个飞盘落在我的脚边，把我的思绪打乱了。我赶紧把它捡起来，不然吉吉就会去咬。在一个小亭子旁边站着四个小孩，十一二岁的样子，他们都等着看我要怎么做。我很会玩飞盘（如果让我自我评价的话），我把它扔给了其中一个男孩——扔得非常漂亮。他又扔回给我。于是接下来的一个小时里，我和吉吉就一直在和那些孩子玩飞盘——在那一个小时里，我觉得自己**和他们年纪一般大**！最后，有一个男孩，我觉得他是太想表现自己了：由于用的劲儿太大，他把飞盘扔进了河里几码远。于是，我们的游戏就这样结束了。
>
> ……我真希望你当时和我们在一起。你肯定会大喊着、大笑着，和我一起跑来跑去！和那些孩子在一起时，就算只有一会儿，我们也一定会重新体会到青春的魅力！

约瑟夫喜欢听帕玛拉跟自己讲述她生活中开心的日子和不开心的日子。能成为她倾诉的对象、能成为她的依靠，让约瑟夫觉得很开心。她经常跟他讲一些自己遇到的倒霉事儿。比如有一次，她的车停在停车场时被别人撞了，当事人还跑了。"当看到驾驶室一侧的车门被撞凹进去的时候，我差点没晕过去！这已经不是剐蹭了，而是像有人以三十英里[①]每小时的速度直

[①] 1英里约合1.6千米。——译者注

妄想的悖论

接撞上去的。我都要哭了。没有人留下纸条承认是自己撞了我的车，所以我得自己出修理费。我太需要这笔钱了。"

还有一些时候，帕玛拉会向约瑟夫寻求建议。有一次，她跟约瑟夫讲自己去修车的时候被修车工敲竹杠。"那个领班就是想讹我——可能就因为我是女人。"帕玛拉写道，"要是对方是个男人，他可能连讹我的一半的价格都不敢报出来！我讨厌所有的小偷，你呢？"她问约瑟夫，以后要是再遇到车子出问题能不能向约瑟夫寻求建议。在另一封信中，她和约瑟夫讲了自己朋友的女儿"嗑药酗酒"的事。那个女孩已经辍学了，帕玛拉想知道约瑟夫认为自己可以帮忙做些什么。"我很看重你的观点。"帕玛拉告诉约瑟夫。

帕玛拉的信让约瑟夫觉得自己是被需要的。当帕玛拉向他寻求帮助的时候，他觉得自己是有价值的。

从他们最开始相互联系的时候，约瑟夫就感觉帕玛拉可以看清他——**真正的他**——这是别人都不曾做到的。她能看到他的价值、他的好、他的敏感和思虑周全。她总是说些鼓励的话。她曾说约瑟夫"非常有深度、非常高尚"，还提到约瑟夫总是主动去帮助别人，就算得到的回报"少得可怜"。

随着他们的关系越来越深厚，避风港里其他给约瑟夫写信的女性都被约瑟夫忘在了脑后。他开始只写信给帕玛拉。他的信越写越长，字小得都要看不清了。但就算约瑟夫的信长得一页接一页，帕玛拉也从没厌烦过。她还鼓励他更加敞开心扉。"只要你有时间……就写信给我吧，只言片语也好。"帕玛拉说。她还告诉约瑟夫,"你每次读我给你写的信时"都在想我,这让我觉得很幸福。约瑟夫发现,自己因为这种通信甚至有了专门的仪式。每天下班回家后,他都会冲到信箱前。如果有帕玛拉写给他的信,他会先不拆开放在一边,让自己一直沉浸在对信的期待中。一直等他准备睡觉的时候再读信,这是他一天中最高兴的时刻,要慢慢享受。

约瑟夫确信帕玛拉对于自己也是这样的感觉。帕玛拉的一个老朋友想撮合她跟一个"28岁,没结过婚,大学毕业,工作好,开跑车"的人约会,但她跟朋友说自己没兴趣。"我想让你知道我喜欢每天给你写信。这使我的生活充实很多。"在另一封信里,帕玛拉告诉约瑟夫:"我真的很在乎你,亲爱的。我希望我对于你来说,也是对的人……我们都需要一个伴儿,不是吗?我觉得我们都互相需要彼此。"

在他们感情最浓厚的时候,帕玛拉会以他们两人为主角写些小说然后寄给他。字里行间充满了挑逗意味,但也并不露骨。有一次,她在小说里写道,约瑟夫送给了她一束玫瑰花作为礼物,那是"共度良宵的开始"。

> 晚饭后,我换上了一件漂亮的酒红色丝绸睡袍,这是我们俩一起挑的。你说这个颜色衬得我的脸颊更加红润,然后又不断称赞我有一双多么颀长的美腿。
>
> 我带着你走向卧室,打开了房门。我真希望自己知道该怎么用文字描述你脸上的表情……床上铺着精美的象牙白缎面被子,被子下面是一层黑色缎面床单。两个大号枕

妄想的悖论

  头鼓鼓囊囊的，里面塞满了羽毛。它们也是用缎面罩起来的，四周还点缀着蕾丝。整个房间是如此温馨浪漫。你说它看起来就像是那种会出现在杂志上的房间。很快，你就注意到了床头上方挂着的画。画中是我和你正手牵手一起走过一片开满小野花的田地。我花了整整六个月才画完，但是你的表情让我觉得就算花再多的时间也值了。你喜欢那幅画我真是太高兴了。

  床头柜上摆着一束花……你摘了一朵小雏菊别在我的头发上。你告诉我，我就像花儿一样娇弱动人……我在心中暗自庆幸，有你出现在我的生命里我真是太幸运了，约瑟夫。

还有的内容是关于他们两个人一起去乡村旅行的。有时，他们会去漂流，或是在林间小屋里度过愉快的一天。约瑟夫觉得很神奇，他们竟有这么多相同的爱好。有一次，帕玛拉想象他们一起在冬季去滑雪的场景：

  我滑下山的时候尖叫个不停。你在山脚等着我。我当时好害怕，约瑟夫。但是你把我抱在怀里时，我觉得安心了许多……你吻了吻我的额头，对我说："我爱你，亲爱的。"

  我们正准备往回走去开车，你突然抓起一把雪放在了我的脖子后面。然后你拔腿就跑，因为你知道我会回敬你。我抓起一把雪去追你。"我是很爱你，约瑟夫，但我不会放过你的。"我冲你大喊。最后，我抓住你了，我们躺倒在雪地上，开怀大笑。有好一会儿，我们就那样躺在

第五章　心中自有定论

那儿，彼此相视。当我们站起来拍掉衣服上的雪时，我看到我们两个人的身形完美地印在了雪地上。我抱着你，轻轻地吻了吻你的嘴唇。"我们会这样到永远，约瑟夫。"我说。

每隔一段时间，帕玛拉就会寄给约瑟夫一些东西。她喜欢艺术，经常会把自己画的画寄给他。画的通常是田园风光，或是动物的素描。他们开始通信后的第一个春天，她寄给了他一幅红衣凤头鸟的画。她告诉他，她希望他能"永远珍藏"。她也会寄来一些诗，通常是专门为他写的。有一首诗被打印在一张画了插画的纸上，画的是一个年轻的女孩在拨弄着花儿：

> 自从认识你，我就没有那么孤独了……
> 天似乎比以往更蓝，夜晚也更加静谧；
> 你是我见过的最好的男人
> 我对你的感情不能更真挚。

偶尔，帕玛拉也会寄来一些小礼物。这些礼物值不了什么钱，但是约瑟夫并不在意。礼物本身的寓意远比价格更重要。有一次，帕玛拉给他寄了一枚灰色的鹅卵石。她在信里说，那块鹅卵石是自己有一次去密西西比河的岩礁玩时发现的。她当时非常希望约瑟夫也在。约瑟夫很喜欢那块鹅卵石。在他心里，这远比钻石要宝贵。

还有一次，帕玛拉寄给了他一枚"幸运硬币"。她说："收好这枚硬币，亲爱的。让它能够随时提醒你，你的生命中也会

妄想的悖论

出现好人……也请把它当作我对你的爱的象征。如果你把它放在手中，用力握住，你会感受到我的爱从里面涌出来。"

约瑟夫把硬币握在手中用力捏。他的确感觉到了，她的爱像暖流一样从中涌出。

就像避风港里其他给约瑟夫写信的女性一样，帕玛拉每隔一段时间会找他要钱。她把这些叫"爱的奉献"，每一次的请求都被说成是在帮她获得她需要的东西。约瑟夫从未拒绝过，他也没想过要拒绝。他通常会寄给她比她要的还要多的钱。随着时间流逝，这些钱加起来早已超过几千美元。他很高兴自己能帮她，能让她的生活更容易些。

有一年，就在圣诞节前，帕玛拉告诉约瑟夫自己想送他一个蓝色的相册，这样他就可以把自己写给他的信都收藏起来。她也会把约瑟夫写给自己的信放在同样的相册里。这个相册会成为他们特别情谊的象征，上面会印着"帕玛拉和约瑟夫的回忆"。她向约瑟夫要了50美元来买相册。"我真希望我自己能付得起这些。"她说，"你对于我来说是如此特别的存在，我真不希望自己成为你的负担，约瑟夫。"

相册在圣诞节前寄到了。比想象中的还要好，相册封面上有一只可爱的白天鹅。他小心翼翼地整理了帕玛拉寄给他的所有信件。他把最喜欢的几封信放在最前面，这样他就可以随时拿出来看一看。帕玛拉还寄来过另一张她的照片。照片中，她坐在椅子上，把吉吉抱在她的腿上，摆的姿势就像是有专业摄像师指导过一样。约瑟夫把这张照片用相框裱了起来，放在了

第五章　心中自有定论

房间的柜子上,和帕玛拉寄给他的密西西比河畔的鹅卵石还有那枚幸运硬币放在一起。

在他的床边,放的是帕玛拉送给她的一个小陶瓷灯塔。这对于他来说就是希望的灯塔,是帕玛拉在他生命中的意义。的确,他从未见过她,也没有面对面地和她说过话。但是,除了他的家人以外,这个世界上再没有人让他觉得如此亲近。

从朴素实在论的角度来看,约瑟夫的故事似乎很愚蠢。你怎么可能爱上一个你从来没见过、从来没聊过天的人呢?这听起来就很疯狂。但是让我们冷静下来思考一下。当我们说一种行为很"疯狂"的时候,我们是说那个人与现实脱节了——他看到的是不存在的事,听到的是不存在的声音,完全活在自己的幻想当中。而我们对于一个心理健康、人格正常的人的印象,就是与之完全相反的形象。这样的人应该是能清楚地看待一切事物——是一个现实主义者。

这也正是人类行为学专家对于妄想和清醒的看法。在《文明及其不满》一书中,弗洛伊德写道:"人可以试着重塑世界,去建立一个新的世界替代现有的;在新的世界里,一切难以承受的事物会被毁灭,取而代之的是符合个人愿景的事物。但是,任何去反抗、想要走这条路去寻求快乐的人……都会成为一个疯子。"20世纪末之前,人们都一直认为心理健康就是能现实地看待世界。

有严重心理疾病的人是和现实脱节的人,这一点毋庸置疑。但是这能说明一个能准确看清现实的人就**总是**健康的吗?

妄想的悖论

1979年，心理学家劳伦·阿洛伊（Lauren Alloy）和琳恩·阿布拉姆森（Lyn Abramson）决定验证这个问题，她们的研究对象是一批患有最常见心理疾病的人——抑郁症患者。他们想要确认，健康的人是否真的比抑郁症患者更接近现实。

研究人员设计了一个实验。抑郁症患者和非抑郁症患者要按下一个闪烁的绿灯旁的按钮。他们需要判断按下按钮会对灯的闪烁状况造成多大程度的影响。一般来说，抑郁症患者会以不切实际的悲观视角来看待世界——有观点认为是消极妄想使他们表现得这样消沉。但阿洛伊和阿布拉姆森惊讶地发现，抑郁症患者在判断小灯的闪烁在多大程度上受到自己按按钮行为的影响时，"准确度惊人"。同时，非抑郁症患者则往往**高估**自己控制小灯闪烁的能力。也就是说，导致这两组人出现差异的原因，并不是健康的人能看清现实，抑郁的人用消极妄想看待世界，而是"健康"组有**控制妄想**，"不健康"组能**看清现实**。这篇研究论文的副标题是"悲伤的人更清醒"（Sadder but Wiser）。之后，设置上比小灯实验更具结论性的研究进一步证实了阿布拉姆森和阿洛伊的发现：患有抑郁症和其他障碍的人通常将现实看得**更清楚**。另外，这些研究还表明，那些经过治疗有所好转的抑郁症患者——随着他们不断好转——他们变得**更加**有可能进行自我欺骗，更有可能出现控制和自信妄想。

作为帮助人们以一种新的方式看待世界的疗法，认知疗法通常被视为是有效的。但是阿洛伊和阿布拉姆森的研究让人们不禁开始思考，这种疗法真正在做什么：是给患者灌输现实主义吗？还是在灌输乐观主义——让患者用乐观的心态去看待生活——好让患者能更好地面对生活中的困难？阿洛伊和阿布拉姆森的结论是后者，这种视角被命名为"抑郁现实主义"（depressive realism）。

20世纪80年代，越来越多的心理学家开始以一种更细微的视角看待心理健康和现实地看待世界这两点间的关系。很多心理学家开始发现，一定程度的自我欺骗不仅没有坏处，反而会带来积极影响：健康的人是那些以更加积极的方式看待世界的人。这类观点的其中一个重要依据，是加州大学洛杉矶分校的谢利·泰勒（Shelley Taylor）教授提出的积极错觉（positive illusions），也就是出于善意的自我欺骗。

积极错觉是心理健康的一个重要因素，这一观点一经提出就遭到了很多批评者的反对，理由是有很多时候让我们自我感觉良好的错觉会让我们陷入麻烦当中。就比如说，赌博的时候，过度自信会很危险。个人和国家因为只看到自己愿意看到的、不去面对现实而走向毁灭的例子在历史上数不胜数。

虽然只看到我们想看到的肯定会成为问题因素，但是大量的积极错觉能帮我们有更好的表现、更开心、避免陷入抑郁和自我贬低也是不可否认的事实。泰勒教授和她的同事——南卫理公会大学的心理学家乔纳森·布朗（Jonathon Brown）——于1988年就这一主题发表了一篇论文。他们发现，积极错觉对于心理健康和良好的心理状态来说是必要的："社会、人格、临床以及发展心理学领域的大量研究均表明，正常人会对自己有不符合实际的积极看法，会过于相信自己有掌控所处环境的能力，并且在看待未来时认为自己的未来会比一般人要好

妄想的悖论

很多……另外，相对抑郁或自信心相对较低的人通常没有这种高看自己的错觉。"研究人员得出的结论是，积极错觉会使人"有更高的收入、更强的工作动力，更有目标性，行动更务实，更倾向于制订日常计划，更少相信宿命论"。

作为将理性刻入骨髓的人，我要承认，这一类的研究总是让我觉得不大舒服。它们是在动摇我认为的世界运转的方式，是在动摇我认为的世界运转**应有**的方式。但是，从我了解到上述研究开始，我就不断地在各个不同领域发现能支撑这一观点的例子。就以妄想和自我欺骗在成功创业中的作用为例。在一项研究中，研究人员分析了人们是如何在众筹网站 Kickstarter 上集资的。或许你听朋友或同事提到过 Kickstarter。它的运作方式是这样的：想要创业（或者是成为艺术家或社区组织者）的人在该网站上面向大众集资，吸引大众成为慈善家或者风险资本家。项目发起人会在网站上设立集资目标。他们会宣布自己想要筹集多少钱，比如说，5 万美元。集资目标似乎应该定得越高越好。毕竟，如果你的创意很受欢迎的话，筹到 50 万美元不是比筹到 5 万美元要好很多吗？但是天上不会白白掉馅饼：根据 Kickstarter 制定的规则，如果你最终筹到的钱没有达到你的预设目标，就会被视为项目失败，你一分钱也拿不到。这样的系统设计是为了让人们能提出更理智的请求，不要盲目自信。

研究人员分析了大约 2 万个项目，其中超过 2.2 万名创业人士从 100 多万名投资者那里募集到超过 1.2 亿美元。在对庞大的数据信息进行分析时，研究人员发现了一些有趣的现象。系统地看，会有一组创业人士索取的资金较多，另一组索取的资金较少：男性要的数额比女性要的更大。换句话说，男性比女性更有自信，认为自己可以筹到更多的钱。由女性主导的项目平均提出的请求是 7 000 美元，由男性主导的项目提出的请求则是近两倍的数额。

这种差异对于 Kickstarter 体系来说是一个巨大的考验，因为这个体系的设计初衷就是要奖励自信但是惩罚过度自信。那男性创业者和女性创业者提出的请求最后分别是什么结果呢？女性发起的项目通常有更合理的目标，因此比男性发起的项目更容易成功筹到资金。现实主义思维积一分。

研究人员还发现，男性比女性更有可能成为连续项目的发起人。Kickstarter 的男女整体分布比例为 56% 和 44%，但是如果仅看发起了至少五个项目的创业者，比例就大不相同了。超过 70% 是男性，女性所占比例不到 30%。如果第一次筹资失败，男性也比女性更有可能去发起第二个项目。那他们发起的第二个项目或者第三个项目成功了吗？没有。研究人员发现，筹资成功的一个重要指标就是之前的筹资是否成功。如果有人第一次的筹资目标是 50 万美元，但是失败了，那么他第二次尝试筹资 40 万美元也可能会失败。因为女性个体比男性个体在第一次筹资时成功的可能性更高，所以她们在第二次或第三次筹资时成功的可能性也会比男性高。现实主义思维积两分。

但是，当研究人员后退一步去观察整体情况时，奇怪的现象出现了：当被作为一个整体来看待时，通过 Kickstarter 筹

妄想的悖论

资成功的男性总人数比女性总人数要多。这是为什么呢？如果说男性因为过于自信产生妄想反而不能成功，那为什么成功的男性总人数会比成功的女性总人数更多呢？这背后的原因有很多——包括性别歧视。但是还有一个很重要的因素，那就是自我欺骗的影响力。男性是**如此**自负地沉浸在自己的妄想中，以至于他们不会在乎失败。他们会不停地发起新项目，就算失败了也仍然将筹资目标定得很高。因为之前的失败意味着下一次筹资也极有可能会失败，所以这类继续发起新项目的男性中大部分都失败了。但是因为不停发起冲击的男性数量非常多，一次又一次地进行大额筹资，总有**一些会最终获得成功**。研究人员总结称，这是在筹资成功上出现性别差异的原因之一。如果你去评估单个女性或单个男性在 Kickstarter 上的成功概率，你会发现是女性成功率更高。但如果你去评估哪一个**集体**成功率更高，你会发现是男性。妄想性自负对于很多男性个体来说是有害的，但是研究人员发现，它能帮助男性这一**集体**取得成功。

我想要说明的一点是，不切实际的积极错觉对于女性也非常有帮助。在一项研究中，谢利·泰勒发现，这样的错觉会给患了乳腺癌的女性带来强劲（且有用）的影响。她研究的患者中很多不切实际地认为自己的病情已经得到了控制。泰勒研究的 72 名女性里，只有两位说自己比其他患有乳腺癌的女性情况更糟。很多女性极其乐观，就算并没有证据表明事实的确如此。有时，就算是处于性命垂危的状态，有些女性仍然坚信自己已经战胜了疾病。

这种自我欺骗带来的好处体现在许多方面。泰勒发现，有

第五章　心中自有定论

更大程度积极错觉的女性比其他女性患癌后**情况会更好**——刚开始被诊断出患有危及性命的疾病时,往往会伴随出现诸如抑郁、感觉自己没有价值、失眠、物质滥用和自杀冲动等各种心理问题,但这类女性出现这类问题的可能性会更低。后续对其他群体的研究也进一步佐证了这一发现。在有关患有艾滋病的男同性恋者的自我欺骗现象研究中,一些患者称自己已经"产生了抗体",或是他们的免疫系统"比其他的男同性恋者更能抵抗艾滋病病毒"。这样的自我欺骗也提升了他们应对疾病的能力,减轻了他们的痛苦。

在面对筹资失败时,自信的妄想让创业者能坚持下去。在面对疾病时,认为自己能比他人情况更好的错误信念也能起到这种作用。这种信念在**一般情况下**也是有帮助的。一系列不同的研究表明,有乐观的妄想的人们比现实主义者活得更久。

约瑟夫·恩里克斯并没有患上会夺走他性命的疾病。但是他的孤独感、母亲离世时带给他的悲痛、父亲的疾病、他对人生伴侣的渴望,所有这些带给他的绝望并不亚于癌症会给患者带来的绝望。他有两个选择:他可以看清现实,接受生活的种种打压。或者,他可以从并不真实存在的事情中创造浪漫的错觉,去忽视种种表明他和帕玛拉的关系只是他的幻想的信号。和患上绝症的人、愿意花掉半生积蓄为年迈的宠物猫延长几年寿命的宠物主人相比,约瑟夫的做法就不算是适应性行为了吗?就像心存妄想的创业者、乐观的乳腺癌患者一样,约瑟夫也有许多证据——如果他想看到的话——能表明帕玛拉不

妄想的悖论

是真实存在的人。他从来没有跟她说过话或是跟她见过面。她也从来没有提到过他在信里写到的内容。的确，她的信件总是积极温暖的，但是都很模糊——"我能看出来你是个好人"或是"我能看出来你需要朋友"。（谁不是好人，谁又不需要朋友呢？）要想使这种诱骗成功，约瑟夫就必须积极地配合——他必须将怀疑搁置一旁，好让这个幻想不必破灭。很明显，唐·劳里的骗局能成功，他的自我欺骗是不可或缺的一环。如果我们从朴素实在论出发，那么作为局外人，我们会想对约瑟夫大喊，让他直接把那些信丢掉，不要去看。这种做法也是情理之中。我们或许想要告诉他，这是一段"假的关系"。但是主观上，对于约瑟夫来说，这段关系比他生活中其他"真正的关系"更深厚、更有意义。

　　说到底，谁又能决定约瑟夫是否犯了一个大错呢？谁又能决定标着 *L'eau du Robinet* 的水是不是在"胡说八道"呢，谁又能决定苹果手机的价值是否真的比三星手机高出了几百美元呢，谁又能决定花几千美元给宠物猫做肾移植手术是不值得的呢？当我们把约瑟夫与帕玛拉的关系叫作"假的关系"时，这与无神论者告诉信仰宗教的人他们与神的关系是"假的"又有何异？约瑟夫的回应，正如同宗教信仰者面对出于好心的无神论者给出的回应一样，大概可以这样描述："你凭什么能决定对于我来说什么是真的呢？"这样想的不止约瑟夫一个人。"爱之堂"骗局的很多受害者都觉得来自记者和检察官的关心是家长式作风。当有人感到担忧，认为必须要终结这个骗局时，一些受害者说，他们从未遇到过比"爱之堂"更有价值的组织。

第六章
预测性推理

　　爱就像一棵树，它自行生长，深深地扎根于我们的内心，甚至在我们心灵的废墟上也能继续茁壮成长。这种感情愈是盲目，就愈加顽强，这真不可思议。它在毫无道理的时候反倒是最为强烈。

　　——维克多·雨果，《巴黎圣母院》

　　我们会轻易地被我们与之有情感联系的人欺骗。不论是朋友、父母，还是孩子，都是如此，伴侣尤甚。从约瑟夫坠入爱河的那一刻起，那些在旁观者看来荒谬至极的谎言对于他来说都是真实可信的。约瑟夫是在自欺欺人，这一点不难看透。往往不易被察觉的事实是，大多数"健康的"关系其实是靠妄想和积极错觉维系的。有大量的研究探究过积极错觉在爱情中的作用。其中大部分研究得出的结论是，我们越是欺骗自己、美化另一半——比如说，我们越是相信我们的伴侣是善良的、大

妄想的悖论

方的、美丽的——我们的爱情就会越美满。

哲学家阿兰·德波顿曾写道，我们会"和错误的人结婚"。这句话总是会引起人们的热烈讨论。德波顿的本意并不是要鼓动人们离婚。恰恰相反，他认为，要想将婚姻维系下去，我们就要接受伴侣注定不会完美这一事实。德波顿希望人们能摒弃"过去二百五十年里西方人浪漫主义的婚姻观：一定会有一个对的人，他或她会达到你的全部期望，实现你对于婚姻的一切美好憧憬。"但事实只会是："每个人都会令我们沮丧、生气、失望——而我们（尽管没有任何恶意）也会对别人做出同样的事。"

既然如此，我们该怎样解决这个无解的问题？一系列心理学研究显示，大部分处于健康恋爱关系中的人在看待自己的伴侣时会带上一层滤镜：伴侣在我们眼中的样子会比伴侣真实的样子**更好**（情人眼里出西施）。但同时，我们如何定义理想型以及什么样的人算是"对的人"，也决定了伴侣在我们眼中是**哪种**西施。

加拿大一项关于积极错觉的研究让已婚和尚处于恋爱阶段的人们给自己和伴侣的个性特征打分，主要包括善良、有同情心、宽容大度等一系列心理学家所称的"人际圈"（interpersonal circle）中的特质。同时，他们还要对一个假想的"理想伴侣"进行评定。最终结果显示，这些志愿者给伴侣打出的分数普遍比伴侣自己给自己的分数要高。而且，他们越是看重某一个性特征，就越是会夸大伴侣的这一特征。比如说，一个人越重视善良，他就越是会夸大自己的伴侣是多

第六章　预测性推理

么善良。或许这项研究中最值得我们注意的是,研究人员发现,越是放大自己伴侣优点的人——用更大程度的自我欺骗来看待自己的恋情或婚姻的人——越幸福。这个观点其实并不新鲜,本杰明·富兰克林就曾给出这样的忠告:"结婚前要睁大眼睛——结婚后要睁一只眼闭一只眼。"

　　试想一下,如果我们把想要给约瑟夫的忠告同样送给新婚夫妇们,会出现什么样的场景。在婚礼上,当牧师说,"各位来宾,如果有任何人有任何理由认为这对伴侣不应该走入神圣的婚姻殿堂,请立即说出来,否则就永远不要再提起",这时大家就应该齐刷刷举起手来。我们要理性,要讲真话,要帮被爱情蒙蔽了双眼的夫妻看清真相,不是吗?因此,我们应该大喊:"不对,你错了。她绝对不是这个世界上最漂亮的女人。"或是:"你开什么玩笑?你真觉得这个男的值得依靠吗?他就是个垃圾!"

　　各种认知扭曲也能使人们对另一半更加**忠诚**。恋爱中的人会更容易看伴侣的替代人选(第三者)不顺眼。有一项研究招募了一批异性恋志愿者,心理学家让一组志愿者写一篇小作文描述自己对伴侣产生好感的时刻,又让另一组志愿者写下自己感到快乐的一次经历。然后,研究人员让这些志愿者坐到电脑前。电脑屏幕上会展示各种有魅力的异性的图片,另外还有一些诸如正方形、圆形这类图形的图片,志愿者们要做的就是尽快选出是图形的图片。那些被要求回想过另一半的志愿者能更好地屏蔽有魅力的异性的图片——用研究人员的话来说,志愿者们对这些异性"感到反感"了——从而能更快地找出那些

101

妄想的悖论

图形。

还有一些研究显示，坠入爱河的人们会低估伴侣的替代人选的美德——这些替代人选在他们眼中魅力会减弱，能进一步发展的可能性也更低——这与高看自己的现任是同一个道理。那些感情最稳定的人会最大限度地看轻任何潜在诱惑，"就算栅栏另一边的草更绿，"其中一位参与研究的作者写道，"开心的园丁也不太可能会注意到。"

最近，神经学家们揭露了自我欺骗产生时大脑是如何运作的。当我们恋爱时，大脑发生的变化会削弱我们的批判性思维能力（这也就是为什么一个一头扎进爱情里的 16 岁青少年很难听得进劝）。有趣的是，母爱也会使大脑发生同样的变化，而且更加无从解释。我们关于自己最爱的人的个性和特质的积极错觉会让我们看不到他们的缺点。心理学家们把这叫作"爱情盲目偏差"（love-is-blind bias）。

会令我们的感知出现偏差的情感也绝不止爱这一种。很多情感都会使我们只看到自己想看到的。大部分人一天会照镜子三十余次。如果说我们看待伴侣时会带上一层恋爱滤镜，放大伴侣的魅力，那么我们看**自己**时，也会觉得自己比真实的样子更好看。在一项实验中［最后基于该实验发表的研究论文题目是《魔镜、魔镜告诉我》（Mirror, Mirror on the Wall）］，志愿者们拿到了一沓自己的照片，这些照片是经过调整的，强化了某些符合大众审美的美的或丑的特征。志愿者们被要求从 11 张经过调整的照片里选出未经调整的照片。大部分人，相当不谦虚地,选择了经过调整让本人更有魅力的照片。更自信的人会比自卑的人更加高估自己的长相,这再次证明了良好的心理机能与妄想性思维密切相关。

在蒙特克莱尔州立大学,研究人员对人脑的某一部分进行了分析,因为它似乎在自我欺骗的产生过程中扮演着相当重要的角色,似乎能引发积极错觉和高程度的自我欣赏。这一部分被称为内侧前额皮层(medial prefrontal cortex),研究人员检视了当它的功能暂时**丧失**时会发生什么。在一项研究中,12名志愿者被带到一个实验室,带上莱卡泳帽和保护性耳塞。在事先已经过本人同意的情况下,志愿者们会接受经颅磁刺激,这会使他们的内侧前额皮层出现暂时性损伤。还未受到磁刺激时,导致人们出现自我欺骗的内侧前额皮层仍处于活跃状态,这时志愿者们会选择积极的形容词来描述自己。但是当磁刺激开始时——此时内侧前额皮层功能暂时丧失——志愿者们会更倾向于选择较谦逊的形容词来描述自己。毫不意外的是,志愿者们在接受磁刺激时会产生更多抑郁情绪——他们也不喜欢这种干预。

精神病学家伊恩·麦吉尔克里斯特(Iain McGilchrist)认为,大脑进行自我欺骗的倾向在一定程度上与左右脑的分工有关。他认为,右脑更能意识到自我的局限,而左脑则更倾向于进行自我欺骗来保持快乐。举例来说,一般情况下,左脑中风但右脑正常的患者能够知道自己中风了,但右脑中风的患者则会出现幻觉,觉得自己一切正常。麦克尔克里斯特认为,自我欺骗很大程度上是由左脑认为自身仍一切功能正常这一不切实

妄想的悖论

际的欲求导致的。在为《隐藏的大脑》播客做准备而进行的一场采访中，我听麦克尔克里斯特讲述了在医院里发生的一场对话。这场对话他在自己的书《主人和他的使者》(*Master and His Emissary*)中也描述过。对话发生的背景是，一位患者右脑中风，而左脑——会进行自我欺骗的大脑半球——功能正常。右脑中风导致这位患者左胳膊瘫痪。医生询问她左胳膊感觉如何，她是这样描述自己已经不能活动的手臂的：

医生：这是谁的胳膊？
患者：不是我的。
医生：是谁的？
患者：我母亲的。
医生：那为什么会在这里呢？
患者：我不知道。我在我的床上发现的。

我们不仅会出现幻觉，我们还能真的看见自己想看见的。1947年，哈佛大学教授杰罗姆·布鲁纳（Jerome Brunner）进行了一项实验，这是最早印证了人们会出现"愿望视觉"（wishful seeing）的实验之一。布鲁纳出生时双目失明，他一生中很大一部分时间在努力探究我们眼睛看到的和心智**感知**到的之间存在的联系。布鲁纳称，我们的心智——及其所产生的希望、欲求和偏见——在我们对现实的理解中扮演着重要的角色。

布鲁纳的实验招募了两组孩童志愿者，一组来自富裕的家庭，一组来自贫困的家庭。这些孩子拿到了各种各样的硬币，价值从1美分到50美分不等。他们需要估计硬币的大小。所

第六章　预测性推理

有孩子给出的估值都比硬币的实际大小更大。他们的视觉感知受到了欲求的影响。但是穷人家的孩子感知到的硬币大小比富人家的孩子感知到的更大，因为，依据布鲁纳的理论，他们对于钱的欲望——对于钱的需求——更大。

纽约大学的艾米莉·巴尔塞蒂斯（Emily Balcetis）和密歇根州立大学的大卫·邓宁（David Dunning）是两位社会心理学家，他们完成了关于人们会看见自己想看见的这一倾向的一些最重要的研究。[邓宁更为人所知的是他的研究论文《无知且意识不到自己的无知》（Unskilled and Unaware of It），论文中探究的内容现在被叫作达克效应（Dunning-Kruger Effect），即**越是**不擅长某事的人，越是倾向于认为自己很擅长。]

2006年，巴尔塞蒂斯和邓宁进行了一项关于欲求对视觉感知的影响的研究，并提出了"愿望视觉"一词。这项研究中的其中一个实验以"味觉测试实验"为名义招募了一批志愿者。志愿者们被告知他们面前的电脑屏幕上会有一个图标一闪而过。根据他们看到的图标是数字还是字母，他们会被提供不同的饮品，一个是新榨出来的橙汁，另一个则是"凝胶状、含有大块内容物的、绿色的、味道难闻的、黏稠的、标为有机蔬菜奶昔的混合物"。

实际上，出现在每位志愿者面前的都是同一个图标：既可以被看成数字"13"，又能被看成字母"B"。如果志愿者被告知看到数字的人会被提供橙汁的话，他们就更有可能看到"13"。如果志愿者被告知看到字母的人会被提供橙汁的话，他们就更可能看到"B"。

妄想的悖论

　　巴尔塞蒂斯和邓宁还发现，我们对某个物体与我们之间距离的判断会受到欲求程度的影响。在一个实验中，一半志愿者吃了椒盐饼干，另一半志愿者喝了水。然后，研究人员让这些志愿者估计离他们坐的位置有几英尺①远的水瓶和他们之间的距离。那些吃了椒盐饼干的志愿者——会想喝水的人——判断的距离比对照组判断的距离更近。恐惧也会使人们的判断出现类似的扭曲。当人们要判断自己和一只蜘蛛的距离时，他们越是害怕蜘蛛，判断的自己和蜘蛛的距离就越近。而最怕蜘蛛的人判断的距离是最近的。

　　在以上所有事例中，现实都被大脑中隐秘的系统扭曲了。最有趣的是，现实是在以**系统的方式**被扭曲，使我们得出特定的结论。换句话说，它们不仅仅是错误，还是注定会引领我们走向预定目标的**偏差**。当大多数人有这种偏差时，改变历史的事件就可能会出现。

　　1917年十月，一大群人聚集在葡萄牙法蒂玛镇附近。他们是被当地三个牧童的话吸引过去的。那三个孩子中最大的10岁，其中有两个孩子后来被追认为圣徒。那年春天，他们经历了几次奇遇，先是说见到了一个天使，然后又说见到了圣母玛利亚。圣母玛利亚告诉他们，她将公布三大预言，还会在10月13日再次来到他们当时所站的位置向世人展示一场神迹。法蒂玛镇这几个孩子的经历很快在葡萄牙这个天主教国家

---

① 1英尺约合0.3米。——译者注

第六章 预测性推理

传开了。虽然那个十月连着两天的降雨让道路泥泞不堪，出行极其不便，但仍有多达十万人在据说神迹会发生的日子出现在现场。

一开始，除了更多的雨，他们什么也没看到。然后快到中午的时候，天气放晴了，很多人开始大喊着指向天空。当时17岁的多米尼克·雷斯（Dominic Reis）是从一百英里外的地方一路赶到那儿的，他之后描述称："大概在中午的时候，阳光透过云层照射出来，我们能看到太阳了。就好像前一秒雨还哗哗下个不停，像是谁家的水龙头没关一样，然后突然就不下了。太阳开始从一个地方转到另一个地方，一会儿变成蓝色，一会儿变成黄色，总之变换了各种颜色。然后，我们看到太阳向孩子们移动过来，向树移动过来。每个人都在大叫。我们害怕极了。一些人顾不得周围还有很多人，开始忏悔自己的过错。我的母亲把我拉到她身边，哭着跟我说：'多米尼克，世界末日到了。'"

这次事件后来被称为"太阳神迹"（Miracle of the Sun）。但是神迹到底是什么样的，我们并不清楚。当天在场的每个人看到的似乎都不一样。一个男人说太阳就像是个在旋转的雪球。一些人说"太阳在不停地旋转，就像一个巨大的凯瑟琳之轮，然后离地面越来越近，好像要把地球烧了一样"。一个女人说太阳"变成了一片银色，裂开的时候将云层一同破开，银色的太阳被薄薄的灰色光芒笼罩着，不断旋转"。另一个人说"太阳似乎停止了旋转……开始在空中跳跃，然后像是脱离了自己的位置一样向我们跌落下来"。其他人，包括法蒂玛镇的

妄想的悖论

　　那三个孩子，都说看到圣母玛利亚从空中看着自己。但也有很多人没有看到任何不寻常的事。尽管当天有很多摄像师在场，但没有一个人拍到任何离奇的景象。

　　这场"太阳神迹"有可能是一种叫作幻日的天文现象，也就是太阳光通过冰晶时发生折射造成的光学错觉。但是这无法解释为什么那么多人看到的景象会不一样。一个更有可能的原因是，这些人只是被暗示、预期和希望影响了。正如同多米尼克·雷斯和他的家人一样，大部分人是抱着朝圣的心态历经了长途跋涉才去到那儿的。他们想去看据说一定会发生的神迹。他们就是为了看到神迹而去的，于是他们看到了。

　　要说在美国有什么事件和"太阳神迹"类似的话，那就是19世纪中期全美上下都为之疯狂的灵异相片了，那时照相技术刚刚被广泛应用。拍出第一张灵异相片的是波士顿的珠宝雕刻家威廉·穆勒（William Mumler）。他在业余时间捣鼓照相技术，意外发现了将照片双重曝光的方法。通过曝光，他可以在照片上叠加一层的淡淡的图像，使之看起来就像鬼魂一样。他第一张为人所知的灵异相片是他自己的照片。相片中，他刚过世不久的一个表亲像鬼魂一样在他身后悬浮着。

　　这件事在波士顿一传十十传百，很快，有人要穆勒制作一张卢瑟·科尔比（Luther Colby）的灵异相片。卢瑟·科尔比是唯灵论报纸《光的旗帜》(*The Banner of Light*)的编辑。在穆勒拍出来的照片上，这位编辑的身旁站着一个叫"Wapanaw"的美国原住民酋长。《光的旗帜》是美国订阅人数最多的唯灵论报纸，有赖于其庞大的读者群，穆勒一下吸引了大批对其作品感兴趣的人。这位珠宝雕刻家摇身一变成了负责"魂灵交流"的经纪人,还声称自己发现了一种"未来的存在,它的寄主就在我们周围,不为我们所见"。

虽然穆勒的灵异相片受到了很多质疑和嘲讽——当时著名的"马戏之王"巴纳姆（P. T. Barnum）是抨击他最厉害的人之一——穆勒的事业还是腾飞了。从他工作室里出来的人们都泪眼婆娑,久久不能平静,因为他们看到了自己已故的孩子或配偶的魂灵。穆勒的客户中不乏纽约和波士顿最富贵的人家。最著名的一张照片当属他为玛丽·托德·林肯拍摄的照片,照片上她已故的丈夫亚伯拉罕·林肯像幽灵一般悬浮在她的肩膀上方。

但后来人们发现,穆勒拍的一些照片中的"魂灵"其实还活得好好的,于是他被以诈骗罪起诉。穆勒在纽约市接受审判,巴纳姆正是出庭指控他的证人之一。（巴纳姆不胜欢喜地雇了一位摄像师,让他拍了一张亚伯拉罕·林肯的魂灵出现在自己身后的照片。）但同时,穆勒也有很多之前的客户为他作证,那些人坚信穆勒拍的是他们已逝的心爱之人的宝贵照片。尽管这场受到极大关注的审判让穆勒的生意从此一蹶不振,但他本人却被判无罪。

一个半世纪以后的今天,对于那些相信了威廉·穆勒的人,我们或许会轻易评判道,他们怎么什么都信。但事实上,那些相信了唯灵论的人恰恰是受教育程度和富裕程度高出平均水平的人。唯灵论从很多方面来说是一种尝试将宗教和科学结合起来的学说,旨在用最新的技术来更好地理解灵异世界。灵

妄想的悖论

异相片就是一种"证明"另一个领域的存在的方式。

灵异相片是时代背景下应运而生的产物，它的出现本身就具有启迪意义。照相技术的出现与美国历史上最血腥的战争——内战——大约处于同一时期。在照相技术被应用的初期，对于美国人来说，相片与死亡密切相关。内战期间，各家报纸首次刊登了战场上各种场景的图片，让寻常百姓了解到了这场杀戮。士兵们上战场前会拍一张照片，他们一旦牺牲，这些照片就成了父母拥有的关于自己儿子最珍贵的记忆。这种背景下，灵异相片无疑是一种帮助人们缓解悲痛的良药，正如作家安·布劳德（Ann Braude）所说，它满足了人们"和已故之人交流的渴望"。如今在我们看来，这些灵异相片或许有些瘆人，或是制作简陋，但是它们曾是一种慰藉，一种证明，自己爱的人并没有**真的**离去。毫不意外的是，一战之后，灵异相片在欧洲再次兴起，最著名的支持者之一是夏洛克·福尔摩斯的创作者、医生和作家亚瑟·柯南·道尔。

诸如"太阳神迹"和威廉·穆勒灵异相片事件的例子数不胜数，那份恳切的心情令人们看到了本不存在的事物。除了超自然现象，这些错觉还会发生在其他领域：体育迷们会不知疲倦地一遍又一遍地慢镜头回放有争议的片段，不同队伍的粉丝会看到完全不同的内容。我们大多数人也许永远不会在一片吐司上看到圣母玛利亚，又或是经历与这类似的事情。但是我们和那些看到圣母玛利亚的人有一点相同之处：我们的希望、需求和欲望会塑造我们眼中的世界。

第六章　预测性推理

我们每日都处在信息的洪流当中。我们的认知能力根本不足以让我们去处理所有这些信息，于是我们的大脑会选择一条捷径。它们会舍弃大部分信息，集中关注一小部分数据。这是我们会在心理学实验中被错觉蒙骗的其中一个原因。有一场实验要求人们密切注意球场上的篮球是如何在球员们之间来回传递的，与此同时，一个穿着大猩猩戏服的演员走进球场，捶胸顿足一番，然后离开。大约有一半的人会注意不到这个演员。（关于这个实验一些很火的视频可以在 YouTube 上找到。）

我们觉得自己注意到了视线所及的一切事物，但事实是，就算我们将关注范围缩小到一场篮球赛，我们的注意力也会主要集中在**一小部分事物上**。我们的预期告诉我们要关注什么、忽略什么。当我们看到一个熟悉的场景时——一群人在打篮球——我们大脑中的心理图像就会受到我们之前看过的许多场篮球比赛的影响。我们不会想到篮球场上会出现一只大猩猩——所以当它真的出现时，我们也不会注意到。（当然，如果你现在去网上搜索大猩猩 - 篮球实验的视频，或许**会**看到大猩猩，因为你已经有了预期。）同理，一个安在街角的消防栓很容易被注意到。但是如果把它放在客厅的角落呢？你就会需要更长的时间来发现它，也有可能你从头到尾都注意不到它的存在。

近些年，科学家们向我们证明了，我们过去对大脑运作方式的设想其实大错特错了。在我们的想象中，我们的眼睛就像一部相机一样，目之所及的一切事物都会在我们的脑海中成像。但事实并不是这样——你仔细想一想就知道这根本**不可能**。当你去观察这个世界时，你的大脑做的第一件事就是引导

妄想的悖论

自己。它会问自己:"我知道我现在看见的事物是什么吗?我之前见到过吗?我知道接下来会发生什么吗?"换句话说,你的大脑在依据过去的经验寻找一个与它看到的事物相似的**模型**。

为什么大脑要这样做,为什么不直接以事物呈现的样貌去了解它?这是因为在短时间内吸收全部信息只会给大脑的信息处理带来难以承受的负担。更不用说大部分时候大脑要同时兼顾很多事项。比如,你开车时还要调出一部分注意力来和坐在副驾上的朋友聊天。因此,与其将本就少得可怜的心理资源用于分析几千兆涌入大脑中的信息,不如去借助与吸收的信息相关的已有模型,(或许准确性会降低)这样效率会大大提高。你在开车的时候,大脑就会不断地生成这些模型——红灯亮了,你停下车,准备左转,之后再出现这种情况时,你的大脑就会根据以往的经验预判左转时遇到红灯会是什么状况。

"但是,等等,"你也许会说,"如果是一棵树的话,这个道理就说不通了。当我看到一棵树时,我看到的树不会都是一种样子——也不会只生成一种树的心理模型。我会看到各种各样的树——枯死的树、活着的树、桦树、枫树、椰子树。"没错,但这又是另一个问题了,也就是当你看到的信息输入大脑时你的大脑会做什么。它不会去吸收**整棵树**的信息,经过一番复杂的心理处理工作之后得出结论,这是一棵树。相反,你的大脑会生成关于树的模型,然后根据你的眼睛捕捉到的信息对模型**稍作修改**。这样一来,你只需要将某棵树的特定细节补充完整即可。而最基础的树的样子——或者不妨理解为**树的属性**——会基于你之前看到过的几万棵树的样子立即自动下意识

第六章 预测性推理

地生成。

除此之外，大脑还有另一个花招：就算大脑只会处理一点点我们通过眼睛或其他感官获得的信息，又或者直接用模型和之前的经验来代替我们真正看到的事物，它们也会让我们产生我们看到了事情的全貌的**错觉**。你去告诉一个人，他看到的不是树，而是他建立的树的**心理模型**，这话谁听了都会觉得你是在拿他取乐。但是从进化论的角度来看，这一点再合理不过：何必要让自己觉得你对现实掌握得太少，又太不牢固呢？这也许是事实，但是知道这一点会对你的进化拟合度有什么帮助吗？由此产生的不安感难道能帮你提高效率，或是找到伴侣吗？

因为很多人善于进行这样的心理体操，要直观地感受我们的大脑如何不断地生成关于这个世界的各个模型并不容易。但是有一种方式能让我们观察到这种现象是如何发生的，想一想我们的语言你就知道了。在用母语或是任何你熟练掌握的语言交流时，即便是在嘈杂的酒吧你也能知道同伴说了什么。这是因为你能够非常熟练地把并没有听到的信息补充完整。在你侧身去听一个朋友讲话时，你的大脑所做的事和我们之前在树和开车的例子中讲述过的一样。它会建立起对话的模型，在你朋友还没将某句话说出口时，你已经差不多预想到她接下来要说什么。等她说的时候你只会去听空缺的那一部分。（这也就是为什么经过专业设计从而能捕捉到超出人类听力范围的更微弱声音的机器，在理解说话内容时却依然不如人类。因为机器在用一种烦琐的方式——你**以为的**你的大脑的运作方式——处理语言。机器吸收了大量的信息，尝试找出关键词，然后拼凑出

113

妄想的悖论

含义。而你的大脑，则是利用宏大的知识储备和过往经验去**预测**对话的走向，声音信息只起到填补缺失部分的作用。）文本信息也是同样的道理。虽然这剧话有很多错别字，但你伊然能看懂，因为你的大脑非尝擅长甜补缺失的信息。[1]

但是，我们能迅速建立起心理模型这一倾向也会成为我们的弱点：就发现异常而言，新手可能比专家更擅长，因为专家丰富的经验能让他们娴熟地建立心理模型，而初学者则会更多地依赖于眼睛真切捕捉到的信息。下面这道题我花了二十分钟都没找出答案：

CAN **YOU** FIND THE

THE **MISTAKE**?

1 2 3 4 5 6 7 8 9

最后我放弃了。当我看到答案的时候，我不敢相信自己竟然没看出来。要找出错误其实很简单，你只需要像刚开始学认字的人一样：用手指指着每个字，一个一个大声读出来。如果你一开始没找出错误，现在找到了，那么恭喜你。你之所以在第一次读的时候没注意到，是因为你的大脑熟练地建立了这个句子的模型。这个模型和你之前读到过的几千个句子的语法相匹配。你没有看到那个重复的字，是因为它就像是出现在篮球场的大猩猩，或是客厅里的消防栓。

---

[1] 原书此处有意将单词拼写错误。为体现作者意图，译文也有意将个别字以错别字代替。——译者注

第六章　预测性推理

以上所有内容都表明大脑有着强大的系统，能颠覆和取代我们的眼睛和耳朵获取的信息，以及逻辑和理性下达的指令。我们的大脑已经事先被加载了各种指令——**保护你的孩子！跑去安全的地方！去相爱！**——并且早在童年时期，我们的大脑就已迅速学会生成关于世界的各种模型。意义就在于让我们不要在看清现实这件无关痛痒的任务上浪费宝贵的心理资源，而是去关注像生存和繁衍——进化生物学家们所说的**拟合度**——这样更重要的任务。

早在心理学家和神经科学家开始系统地研究大脑之前，至少有两组业余人士已经意识到研究人们大脑的运作会对自己大有裨益：魔术师和诈骗大师。魔术师们明白，就算人们觉得自己在全神贯注地关注某一事物，大脑的局限性也会使他们不能捕捉到正在进行的大部分情况。魔术师们发现，大脑是生成故事的机器，因此在故事——以及混淆视听的事物面前很脆弱。他们意识到，我们的预期会极大程度地影响我们会看到什么，通过操控这些预期，他们就能控制我们的想法和我们看到的内容。

和魔术师一样，诈骗大师和招摇撞骗者也早已明白，人类理解事物和寻找理性的能力是"受限的"，也就是说我们的逻辑和理性会受到恐惧和希望的影响。几千年来，骗子和商贩正是利用了大脑自我欺骗的体系使我们落入圈套之中。

在"爱之堂"诈骗案中，很多骗局的设计都要归功于其幕后主使对心理学知识的掌握。唐·劳里对人性——以及如何利用人性——有着惊人的了解。他的一些知识来自为小广告公司

115

妄想的悖论

做了几年撰稿人的经历,另一些则来自他的父亲,宾夕法尼亚州立大学的一位心理学教授。当他第一次想到以几十位不同女性的口吻给男人写情书来诈骗时,他就知道孤独会驱使那些上钩的人相信他打造出的虚幻世界。(诈骗犯往往都会利用这一点。最精明的诈骗不是去骗受害者,而是布置好一切让受害者自己去骗自己。)比如,在很多情书中,劳里凭空捏造出的女性都会诉说自己在逃离些什么——家暴、贫穷,或是毒品上瘾。那些情书最开始往往并没有挑逗意味,而是希望得到帮助和开导的请求。劳里发现,在他最忠实的那批客户中,大部分人并不是什么色狼或是变态,而是迫切想要感到自己被需要的品行端正的人。拥有捐助人或守护者的身份让他们觉得自己仿佛成了身披银光闪闪的铠甲的骑士,很多会员对此无比渴望,并沉浸在这种骑士梦中无法自拔。

当那些女性说自己住在一处与世隔绝的避风港时,这场骗局就蒙上了一层宗教的面纱,让人联想到历时几千年的教堂。再加上那些女性被称为"天使",避风港就变得更加像一所女修道院。这些天使称自己过着简朴的生活,住在兵营一样的公共建筑里,每天靠种菜和缝补衣物打发时光。很多人发誓戒掉酒瘾和毒瘾,要遵守严苛的关于贞节的规定。劳里创造的中心人物,玛丽亚院长,是个神秘的存在。如果说女性们写情书象征着**浪漫**的爱情,那院长玛丽亚就是**母**爱和救赎的象征。她偶尔被称为大天使,据说拥有超自然的能力,包括能熬制药水来帮人延长寿命。据说她还有被叫作"通感"(Telesthesia)的能力,能通过特殊的仪式给会员们的生活带来积极的影响。

第六章　预测性推理

这个故事中的点睛之笔，就是那个天使们自称正在建造的伊甸园一样充满田园风光的场所：琼达扎（Chonda-Za），化用自詹姆斯·希尔顿在小说《消失的地平线》中描述的一个叫香格里拉（Shangri-La）的村庄。劳里给"爱之堂"的会员们灌输的想法是，琼达扎建好后，会是一个充满田园之乐的乌托邦一样的地方，到时候他们就可以和天使们一起生活在那里。但是当然了，要想打造这个乌托邦就需要钱来购置土地、建造住所，还有其他各种组织上的花费和开销。任何想住在这里的人都需要在"爱之堂"里有良好的声誉；换言之，他一定很慷慨，愿意进行"爱的奉献"。捐助最多的人会被授予共济会风格的头衔。最高的头衔是"寺庙大师"（Temple Master）。

劳里的骗局就像一个奇怪又过时的约会软件和准宗教公社的结合体。劳里成功地让几千个男人相信自己在和天使交往，他们的恋爱非常有意义，甚至是有灵性的。有些男人签署了"神秘婚姻承诺书"，琼达扎建好的时候，他们就能凭着承诺书和自己的天使配对成功。（因为这些情书都是海量地寄出去的，所以会出现天使瓦妮莎"嫁给了"很多男人的情况，而每个男人都觉得自己与瓦妮莎只属于彼此。）"爱之堂"在20世纪80年代初期达到鼎盛的局面，会员总人数超过3万，遍布美国和加拿大各个城市，每年的收益超过100万美元。那些年里，会员们还给天使寄去了大量的礼物——电视、糖果、衣服、内衣等。劳里在伊利诺伊州莫林市开了一家二手商店，叫作"节俭人士避风港"（Savers Haven），他把那些礼物转手卖给了当地毫不知情的本分市民。

第七章
彩虹之上

> 所有人都是疯子,那些能分析自己的妄想的人被称为哲学家。
>
> ——安布罗斯·比尔斯

20 世纪 50 年代初期,在芝加哥有一位叫多萝西·马丁(Dorothy Martin)的家庭主妇,她是自动书写①和山达基教②的业余爱好者,还和唐·劳里一样是《消失的地平线》的书迷。多萝西称,一个叫作"克拉里恩"(Clarion)的遥远的星球向她的大脑传送了数条警告信息。一个"超自然的存在"将会引发一系列破坏性极大的自然灾害,到时地球将难逃毁灭的命运。1955 年 12 月 21 日那天,芝加哥会被一场特大洪水淹

---

① 一种心灵能力,指无意识状态下,一个人可以自动写出某些内容。——译者注

② 又称科学教,一种邪教。——译者注

第七章 彩虹之上

没,只有加入她的行动的人才能得救。灾难发生前四天会有一架UFO降落在她家,他们将一同乘坐UFO隐匿到安全的地方。

多萝西的预言吸引了一批追随者,他们中的许多人辞去工作、离开家园,为世界末日作准备。报纸上也刊登了各式广告,宣告世界末日的到来,一些人就是从广告上得知这则消息的。同样注意到这些广告的,还有一位来自明尼苏达大学的年轻的心理学家,利昂·费斯汀格(Leon Festinger)。他混进了那些追随者中,想要研究如果预言没有成真这些人会作何反应。他已经可以想象出那些追随者信仰崩塌的样子。12月21日那天终于到来了,没有洪水,也没有UFO,但是最相信多萝西的预言的那批人反而信念更**强烈**了。他们铁了心要一直相信。

费斯汀格后来在他的书《当预言失败时》(*When Prophecies Fail*)中写下了这段经历。他提出的认知失调理论成为心理学界的一大重要理论。所谓认知失调,就是说当我们的脑海中出现两种相对立的想法时,我们就会感到痛苦,就想要寻找办法来化解这种矛盾。多萝西的追随者曾对预言深信不疑。如果他们承认自己错了,那就是承认自己辞职、离开家的做法是愚蠢的,就是承认自己付出的一切都是不理智的、是被误导的。与此同时,事实摆在他们面前,他们**确实**做了错误的决定。而正如费斯汀格所说,当两种认知相矛盾时,人就会觉得痛苦,就会想要寻找方法消弭这种痛苦。如果无视事实能减轻这种痛苦的话,那事实如何也就不重要了。

认知失调理论能解释世界上的很多现象——如果最终票选

妄想的悖论

出来的机构领导人只是个会耍嘴皮子的人,没有能力将错误的政策扭转,即便铁证如山,选民也不会承认自己看错了人。该理论也同样能解释为什么"爱之堂"骗局被揭开后,那些会员依然执迷不悟。在我了解到"爱之堂"骗局败露前最后几个月里约瑟夫作为受骗者的一些具体经历后——以及他回首往事时是如何看待自己过去几年的经历的——我很难不将其和多萝西·马丁事件以及利昂·费斯汀格的理论联系在一起。

1986年,约瑟夫收到一封帕玛拉寄来的信。与以往不同的是,帕玛拉在信中提议与约瑟夫见面。在他盼望了这么多年之后,他们终于要见面了,帕玛拉终于不再只是存在于他的幻想和想象中了,一想到这儿,约瑟夫就激动不已。帕玛拉告诉约瑟夫在伊利诺伊州莫林市碰面,然后在那里庆祝她的生日。约瑟夫为这趟旅行做好了一切准备。等他到那儿见到帕玛拉的时候,他感到分外欣喜:帕玛拉就跟照片里一样明艳动人。但同时他又感到些许困惑和不安:在场的还有另外十几个男人。他们似乎也都爱慕着帕玛拉。

约瑟夫感到自己的胃一阵抽搐。他不明白这是怎么回事。但他下定决心不会让这些男人影响到他。他知道自己对帕玛拉的感情,也知道帕玛拉对他的感情。他知道她喜欢音乐盒,于是为她买了一个音乐盒作为生日礼物。当帕玛拉当着其他所有男人的面打开他送的礼物时,音乐盒响起《圣徒进行曲》,约瑟夫感到他们之间的关系的确与众不同。帕玛拉明显很喜欢这个礼物。约瑟夫为此喜不自胜。音乐响着的时候,他有种从未

第七章　彩虹之上

有过的感觉：他感到其他男人在打量他，他们是在嫉妒。这让约瑟夫很开心。

约瑟夫的情况比情书骗局的其他受害者更复杂些。在以帕玛拉的名义写情书时，劳里用了曾担任"爱之堂"营销总监的一位女性的名字。那些被约瑟夫摆在房间里的帕玛拉·圣查尔斯的照片确实是一位叫帕玛拉·圣查尔斯的女士的照片——也正是这位女士组织并去到了莫林的那场见面会。[①]但她并**不是**长久以来给约瑟夫写信的那位帕玛拉——所有的信都是唐·劳里写的。当约瑟夫第一次见到帕玛拉的时候，他分辨不出写信的人和眼前的人是两个人，这也是情有可原的。在采访中，我问约瑟夫，他和帕玛拉见面的时候有没有问过她那些信是不是她写的。约瑟夫说没问过。站在他的立场上来看，这可以理解。当有些事已经与我们的生活紧密交织在一起时，我们之中又有多少人会对这些事提出质疑呢？

约瑟夫的故事与电影《楚门的世界》有一些共同之处。在电影中，金·凯瑞扮演的楚门是一个被困在真人秀节目中的人。楚门的整个人生都是一场戏。他的妻子、他最好的朋友、在街上与他擦肩而过的人，全部都是演员。全球几百万人会收看这个节目，看楚门接下来会做什么。只有他被蒙在鼓里。

当我第一次跟约瑟夫交谈的时候，我想知道当他发现自己跟帕玛拉的关系并不是他想象的那样时，他是什么感受。我不

[①] 帕玛拉·圣查尔斯出狱后搬了家并改名换姓。她拒绝接受采访谈论自己参与"爱之堂"骗局的经历。在其他发声平台上，以及她自己的社交账号上，她都声称自己是被唐·劳里误导了，是被他利用的受害者。

妄想的悖论

断地追问他，他们第一次见面时是什么情景，当他发现——用他的话来说——事情不是表面看起来那样时他又是什么感受。作为一个旁观者，在我看来，约瑟夫肯定能发现这是个骗局，当他发现自己被骗的时候一定会很生气。他会进行一番调查，然后发现长久以来给自己写信的并不是帕玛拉。他心中的所有疑团会指引他查出唐·劳里，"爱之堂"骗局的幕后黑手，所有信件的作者。

但我在第一次采访时没有意识到的是，约瑟夫又何尝不是另一个楚门。等到他第一次和帕玛拉见面的时候，他早已深深地爱上了她，此时质疑他们关系的真实性就是在质疑他生命中最重要的东西。帕玛拉是为他指明方向的北极星，他的灵魂伴侣。当约瑟夫发现她有别的情夫时，他既震惊又难过，但这并不能抹去他对她的爱。约瑟夫并没有把她生日那天还有其他男人在场这件事看成是背叛；他把那当成了一个**挫折**。而他很清楚遇到挫折的时候该怎么做——帕玛拉告诉过他。在他很多次觉得自己的生活正分崩离析时，帕玛拉的信将他拉出了深渊。"振作起来。"她曾经写道，约瑟夫觉得她一定是看穿了他的灵魂。这个人拯救了他的人生，你叫他如何去质疑她的真诚？他想都不敢想。

在《楚门的世界》中，阻碍楚门发现真相的一个重要因素是，欺骗他的人都很精明。但还有一个更大的阻碍：要戳穿一切就意味着楚门要放弃他珍视的一切。他要放弃自己的一切羁绊和友谊。他要接受他的朋友并不真的是他的朋友，工作也不是真的工作，妻子也不是真的妻子。这和约瑟夫的处境完全一

第七章 彩虹之上

致。帕玛拉将他所没有的、他觉得自己以后永远不会拥有的事物带入了他的生命中——他现在觉得自己**没有了**这些就无法继续活下去：她带给了他爱、陪伴和信任。她带给了他安慰、快乐和希望。他曾是一个孤独的人，住在尘土飞扬的得克萨斯州的一个偏远小镇上。他看不到希望。她成了他的绿洲，成了他的朋友。他曾希望她能成为他的妻子。让他去怀疑那个在莫林站在他面前的帕玛拉不是给他写信的帕玛拉，就是要他丢盔卸甲，再没有船锚能让他安下心来，也再没有灯塔会为他指明方向。

那次见面后的几周、几个月里，约瑟夫的内心不断被拉扯。他问自己，他能接受那些帮助他振作起来的一切其实都是谎言吗？一次又一次，他的答案都是不能。

同时，那场生日派对结束后不久，约瑟夫开始听到传言说帕玛拉出事了。调查人员已经在周围布控，帕玛拉会因为犯罪被起诉。约瑟夫知道了唐·劳里和整个情书骗局，但是他告诉自己他见到的帕玛拉就是他爱的那个帕玛拉。唐·劳里和帕玛拉被指控合谋实施邮件欺诈，将在伊利诺伊州皮奥里亚接受审判，有人请约瑟夫去作证，他同意了——同意去当辩方证人。

约瑟夫在帕玛拉的生日会上见到的一些男人也出现在了审判现场。突然间，约瑟夫和他们不再是情敌。他们属于同一阵营：都是被一个诈骗组织欺骗的人，都是被媒体嘲讽的人。公众鄙视他们。记者们的问题一个又一个劈头盖脸地砸过来。凑热闹的人像看笑话一样看着他们。

令检察官和媒体感到困惑的是，这些和约瑟夫成为朋友的

123

妄想的悖论

男人站在法庭外举着牌子支持被告。他们对检察官横加指责，尽管谁都能看得出是后者在把他们从诈骗案中解救了出来。在一个寒冷的冬日，当（真正的）帕玛拉走进法庭时，记者们像看见了猎物一样蜂拥而上。约瑟夫看到后立马冲了过去，他脱下自己的外套披在她肩上。他一路护送她进入法庭，"像保镖一样"。

一段时间后，我意识到像卡尔·康奈尔（引言中提到的参加杰拉尔多·里韦拉的脱口秀的那位受害者）和约瑟夫一样的男人是勇敢的。面对尖酸刻薄的批评和夸张的嘲笑，他们仍然能坚持自己的立场，守护他们的心中挚爱。他们说，如果这是世界所不容的，那就让世界毁灭吧。

采访约瑟夫的时候，我们很长时间都在讨论伊利诺伊州皮奥里亚的那场审判。我原以为，到了这个时候，约瑟夫肯定已经看清了现实。但是这场审判并没能改变他的看法。整个审判活脱脱变成了一场认知失调的研究案例（讽刺的是，这场审判是在一个前身是邮局的地方举行的，整个骗局可谓是始于邮局，终于邮局）。调查人员阐明了唐·劳里的整个骗局是如何进行的，条理清晰，证据确凿。在开庭陈述时，检察官塔特·钱伯斯（Tate Chambers）明确指出整个骗局被设计成了一个睡前童话故事：

> 玛丽亚·米雷莱斯（Maria Mireles）在墨西哥长大，她小时候目睹了一次神灵显灵。神灵出现在她面前，让她

第七章 彩虹之上

去美国,去创造一个新的伊甸园,一个叫作琼达扎的地方,在那里男人、女人、自然能再一次和谐相处。

最后钱伯斯讲到了戏剧化的高潮,他对陪审团说:"根本就没有什么饥寒交迫的年轻女人们生活在伊利诺伊州希尔斯代尔的隐居之地。会员们寄出的钱和礼物并没有被用来修车、修井泵,或者为天使们买食物和衣服。"钱伯斯指向唐·劳里说道:"所有的钱都到了他手里。"

直到最后,唐·劳里的辩词也延续了贯穿整个骗局的不走寻常路的风格。之后的报道将那篇辩词称作"圣诞老人"辩词。辩护律师杰里·希克(Jerry Schick)在开庭陈述中有这样一段令人印象深刻的辩论:

> 现在正值圣诞假期伊始,检方提供的罪证竟然是唐和他的机构创造了像圣诞老人这样深受孩子们喜爱的童话,真是讽刺……这些证据只能证明唐创造了一场童话,不能证明有人欺诈。这是唐·劳里为他的会员们打造的童话。正如同孩子们不会因为喜欢圣诞老人而受到伤害……这些会员在享受天使、玛丽亚院长、避风港带来的幸福时,也不会受到伤害。

不管是检方还是辩方都没有指出这个案子中存在的复杂的心理学问题。检方的论点是劳里故意引导会员们相信了虚假的事情,然后从他们错误的信念中获利。辩方则想证明劳里只是一个作家,一个讲故事的人,他和会员们的关系就相当于是小

妄想的悖论

说家和读者的关系。

当然，检方的说法更接近事实。但是，那些在审判现场举着牌子为被告人鸣不平的男人证明了事情没有这么简单。如果这是一场欺骗的话——它的确是——那也是一个愿打一个愿挨。一些人作证说，自己去到了伊利诺伊州希尔斯代尔——天使们寄来的所有的信都盖着那里的邮戳，会员们所有"爱的奉献"也是寄往那里的——他们去那里寻找天使们和那个避风港。就算是在为检方作证的证人中，也只有少数对唐·劳里宣泄了自己的愤怒。有两个会员说，自己是因为"爱之堂"才没有自杀。其中一个是辩方证人，另一个是控方证人。

那个辩方证人是一个来自马萨诸塞州的 35 岁的无业游民，在加入"爱之堂"之前，他的人生"既没有意义，也没有价值……非常空洞、虚无，没什么想为之奋斗的，也没什么盼望的，目标什么的更是谈不上。总之我就是又空虚，又迷茫，又困惑"。他说自己没有朋友，酗过酒、吸过毒，也自杀过。遇到那些天使之后，一切都"立即停止了。因为那时我觉得我找到了什么，它给我的人生带来了方向、意义和目的。我觉得我找到了我一直以来都在寻找的东西"。

而那个控方证人是一个来自威斯康星州密尔沃基的管理员，他说自己爱上了瓦妮莎·科温顿（Vanessa Covington），一个"可怜的女孩"，她的"母亲因为摔下楼梯去世了"。他说在她抱怨"在避风港没有吃的，女孩们都光着身子走来走去"后，自己寄给了她 1 000 美元。随后又寄了 800 美元，因为天使们需要一台新的缝纫机。他还寄给瓦妮莎一个新的小型

第七章 彩虹之上

取暖器，好让她在冬天不必受冻。他在遗嘱里把所有东西都留给"瓦妮莎和天使们"。一个来自印第安纳州的农夫在为检方作证时说，他给在避风港的女孩们寄去了"非常柔情的"个人相片。他相信这些天使会"成为我的家人。我也会成为她们的家人"。

尽管好几个辩方证人被指导说他们知道"爱之堂"只是编造出来的童话，很多人还是从话语中透露出他们其实对这个童话深信不疑。乔治·库尔帕卡（George Kulpaca）一开始说他加入"爱之堂"仅仅是想"找一个可以联系的人，让我自己忙起来……我确实觉得很开心。"但是在盘问之下，他承认他曾以为那些信是天使们亲手写的。出席审判的会员中，加入时间最长的是来自佛罗里达州圣奥古斯丁的威廉·米尔斯（William Mills），他从1979年开始就加入了"爱之堂"。他是被传来为辩方作证的。加入"爱之堂"让他"感觉我是这件美妙的事、这个梦想的一部分。它让我觉得非常快乐"。在盘问中，他说他相信自己寄给心爱的天使苏珊的钱是被用来给她治病了。"据我所知，"他说，"这笔钱是要花在那上面的。"

出庭作证的会员中也不乏受过高等教育的人。有一位是伊利诺伊州立大学的哲学副教授。另一位是程序员，曾寄出过6 000美元的"爱的奉献"。还有一位是来自旧金山的仲裁员。乔治·诺克斯（George Knox）是一位化学工程师，曾在陶氏化学做过主管。控方证人杰里·安德森（Jerry Anderson）是佛罗里达州奥兰多市马丁·玛丽埃塔公司的航空工程师。据他的家人说，他是研究航天飞机和哈勃太空望远镜的。选他来

妄想的悖论

作证就是因为他成就斐然,用检察官塔特·钱伯斯的话来说就是:"不管是管理员还是火箭科学家都可能会相信'爱之堂'。不只是没受过教育的人会信以为真,就算是 NASA 的工程师也会。"

安德森证实,从他收到第一封信时起,他就知道那是"胶印机"打出来的。但是他"相信是一位年轻的女士……亲自写了这些信"。他坚信,那些天使终有一天会打造出世外桃源般的社区,琼达扎。"我相信它会像乌托邦一样。"他说。他将能去到那个地方,在那里"每个人都会是幸福的"。从 1980 年开始,安德森共寄出了几千美元,有一次将一张 1 000 美元的支票作为"礼物"寄给了某位天使。乔治·西格(George Seeger)是一个丧偶的工业设计师,来自伊利诺伊州斯科基市,他总共寄出过 3.2 万美元。他真心相信天使们是真实存在的。他关心那些女性。他寄出的大部分钱是为了让天使们可以去度假。他把收到的信都收藏在活页夹中,每一封信都有荧光笔标亮的痕迹,还有大量的标注。他最担心的就是他的病会让他永远没有机会见到乌托邦琼达扎。在一些会员的想象中,琼达扎会像一个退休社区一样,他们可以在那里安度晚年。一些人把它看作一个令人愉快的、无害的童话。但是很多会员全心全意地相信这个故事中一些神秘的方面。

肯·布兰查德(Ken Blanchard)是为检方作证的一个焊工,他在证言中提到了琼达扎和"爱之堂"的超自然的部分。我去到艾奥瓦州的某个小镇上,在他的住所附近采访了他,当时距离"爱之堂"案件已经过去了几十年。我在脑海中事先设

第七章　彩虹之上

想了一番，会相信琼达扎的存在的人是什么样子的。布兰查德与我想象中的形象没有一处相吻合。他给人的印象是，比较冷淡、不苟言笑。他说自己是保守派——政治上，以及其他各个方面来讲都是。他不是那种愿意尝试新事物，或是走出舒适区的人。"爱之堂"事件发生几十年后，布兰查德仍然没能搞清楚自己到底怎样中了劳里的魔咒，又怎样和"天使瓦妮莎"签署了"神秘婚姻承诺书"。

布兰查德说，自己从一开始就意识到了"爱之堂"的一些超自然的元素。在他最早收到的一些信中，有一封介绍了玛丽亚院长的神秘能力。"她只用把手放在患者的身上就能治好他们的病。"又过了一段时间后，信里开始吹嘘，玛丽亚院长最强的能力是通灵，能将她的意志传输到很远的距离之外。不断有信件寄来说布兰查德有机会体验"爱之圈"（Circle of Love）或是"天使的通感仪式"（Angelic Telesthesia Ritual）。布兰查德从信中了解到，玛丽亚院长会"让天使们绕着她围成一个圈，然后一个小时内，她会和天使们将所有想法完全集中在我身上。与此同时，我要在家里找到一个安静的地方，然后把所有的想法集中在玛丽亚和避风港的天使们身上"。

当他寄去一份"爱的奉献"解锁了这个仪式后，玛丽亚院长确定了日期。"星期六晚上十点钟，我会将我所有的想法和能量集中在你身上。"她写道，"我会将温暖有力的震动传输给你，它们会穿越几英里到达格里斯沃尔德。我已经算出在那天晚上你对于我的通感接受能力最强，我们的思想会同频。"那封信还警告他不得饮用各类含酒精饮料。到了约定的时间，他

妄想的悖论

依照指示,坐在一根点燃的蜡烛前,盛放蜡烛的烛台是他从"爱之堂"购买的,然后他全神贯注,去想象天使们和玛丽亚院长的形象。第二天一整天,布兰查德说,他体验到了巨大的不可言说的"快乐"。

参加完"爱之圈"后,布兰查德被请求为一个叫作"琼达扎的圣火"(The Sacred Fire of Chonda-Za)的仪式做份贡献。仪式中,"六位纯洁的处女"将每人点燃一支庆典用蜡烛,每当有蜡烛快要熄灭的时候,就点燃一支新的蜡烛来接续。整个仪式会遵循"一种上古神话"的规则来进行。当然,所有这一切,都需要钱。之后,布兰查德又收到一封信,信上说,随着第一批蜡烛被点燃,一项特别的仪式已经被启动:"玛丽亚院长点燃了火。我们在精神上与你同在,我们在火光中看到了你的模样。亲爱的,我们都知道这场仪式既是为我们举行的,也是为你而举行的。"

随着布兰查德和"爱之堂"的联系越来越深,天使们开始在信中称呼他为"天选之子"(the chosen one)。每次这样称呼他的时候,十有八九也会提出新的请求,都是希望他能帮助打造琼达扎。据布兰查德所知,琼达扎是"一个建在山谷中的天堂,最后天使们、玛丽亚,还有爱之堂的男性会员们会一同生活在那里"。琼达扎逐渐成为布兰查德收到的筹资信件中的中心项目——天使们需要钱来买地,动工。在一封信里,玛丽亚院长描述了自己为实现这个梦想做出的牺牲。"我不确定,我,或是其他任何人,是不是因为某项特别的使命而诞生在这个世界上。"她写道,"于是我给自己创造了活着的使命,每个人都

第七章 彩虹之上

应该这么做。我发誓要创造琼达扎,创造新的伊甸园。我的人生只有这一个目标。为此,我将自己全部的脑力、能力和精力都倾注在这一目标上。我只为它而活。"

"但是我们现在还有一个困难要克服,"玛丽亚写道,"一份最隆重、最慷慨的爱的奉献。"布兰查德最后寄去了足够的钱,因为这笔钱天使们会授予他一个称号,这将会是他未来在琼达扎的头衔。很快,一个任命他为"寺庙大师"的证书寄来了,同时还寄来一张表,上面列着各种秘密的誓言。这是会员能拥有的最高头衔,他将在未来的乌托邦里享有管辖一座寺庙的权利。

"爱之堂"的轰然倒塌给了布兰查德沉重一击。在法庭上,他证实他的确以为自己将会作为"寺庙大师"生活在琼达扎,他期待着"每时每刻都受到尊敬"。当得知"爱之堂"被遣散后,他整个人一蹶不振。"就好像我脚底的地被掏空了一样。"他说。

1988年,就在圣诞节来临前几天,皮奥里亚的那场审判结束了。陪审团做出裁决,唐·劳里和帕玛拉犯有欺诈罪和洗钱罪。这场案件直到最后都像歌剧一样反转再反转。就在劳里和帕玛拉被判刑之前,两人双双从伊利诺伊州逃走,警方开始了一场全国和国际范围内的追捕。

劳里和帕玛拉先是逃到了加拿大的蒙特利尔。最后设法去了佛罗里达。距他们逃离伊利诺伊州两个月后,警察在佛罗里达州莱克沃思的棕榈滩区找到了他们,劳里在那里假扮成了

妄想的悖论

"牧师诺伯特·盖恩斯"（the Reverend Norbert Gaines）。警察是在他去邮箱拿"爱之堂"的会员们寄给他的钱时抓到他的，那些会员认为他是猎杀女巫运动的受害者。劳里被引渡到伊利诺伊州，被判处二十七年监禁。

服刑十年后，劳里获得了假释，他去到了宾夕法尼亚州的巴特勒县，那是他性格形成时期生活的地方。我打听到他的位置后跟他约了采访。当我到那儿的时候，我看到的已不再是劳里青少年时见到的二战时期车水马龙的城市。就像铁锈地带的其他大部分地区一样，主街一片荒凉，街道两边是已经歇业的店铺，惹人伤感。曾经为这个城市带来繁荣景象的工厂要么已经倒闭，要么迁到了别处。这个曾辉煌一时的中等城市已经没落了。取而代之的是萧条的小镇，包括骇人的失业率和毒品问题——这座城市后来甚至因为毒品问题建造了一座"毒瘾纪念碑"（overdose memorial）。

劳里住在一座老旧破败的棕褐色房子里，有一个被闲置的宽敞的后院。在去采访他之前，我看过一张他的照片，是他年轻的时候拍的。他那时很英俊，窄窄的鼻梁，一双有洞察力的睿智的眼睛。他的胡子修得像铅笔一样细，非常整洁，让他看起来有些像年轻时的华特·迪士尼。但是在门口跟我打招呼的却是一个骨瘦如柴的秃顶老人。他当时82岁，但看起来还要再苍老几岁。（采访过后没几年，劳里于2014年去世。）房子内部很破旧，一切都杂乱无章。他的书桌上满是灰尘，整个房子里弥漫着烟味。劳里有着完美的男中音，他会非常适合老一代的广播播报。但是因为抽了一辈子的烟，他的声音已经变得

第七章 彩虹之上

非常沙哑，我有时很难听清他在说什么。

他的房子可以说是"爱之堂"的博物馆。劳里丝毫没有要把这段经历淡忘的想法，他似乎更想要牢牢记住运作"爱之堂"时那些辉煌的日子。柜子里塞满了之前天使们的情书。剪报在房间里散落得到处都是。还有几百张模特的照片，他的天使们。

最有趣的纪念品是各种各样"爱之堂"的小玩意儿——比如花瓶和枝状烛台，和圣母玛利亚的很像。这些小物件旁边摆着的是他之前发给会员们的铜币。这些硬币的一面用大号字母刻着"Chonda-Za"（琼达扎）。下面是"Hillsdale, Illinois"（伊利诺伊州希尔斯代尔）。

我们谈到了"爱之堂"的鼎盛时期，谈到了唐·劳里埋头写信的那些年，谈到了他如何成为傀儡大师掌控着一个精彩的虚幻世界。"我喜欢那段时间。"他告诉我。我开着录音笔，请他读了他写的回忆录上的一小段："有不少会员非常聪明，能够接受现实：天使们就是虚构的人物，"他说，"但是大部分人坚决不愿意相信这些天使不是真实存在的。他们爱极了这些天使。他们说这些天使寄来的信件让他们有了盼头，因为这些天使他们体会到了很久很久都不曾感受过的快乐。试想一下，一个50多岁的发福秃顶的矮个子男人，跟妻子离婚后或是在妻子去世后就再也没跟女孩约过会。他很无聊，每天灌很多酒，苦闷，孤独。然后这些天使出现在了他的生命里。在这些年轻貌美的女孩子眼里，他是个好人，她们喜欢他、尊重他，欣然接纳了他原本的样子。"

133

妄想的悖论

劳里说，最开始，他会在每封信里用"小号字体"加上免责声明，注明这些信是虚构的。但是后来他发现那些会员根本不会在意，他就把免责声明取消了。"他们只会相信自己愿意相信的。他们只会瞟一眼，[然后心想]'哦，他这么写只是为了保护自己'。然后继续去相信天使们的存在。"我向劳里指出，他这么做，任由会员们去相信这些天使是真的，能让他赚更多的钱。"就算他们知道了这是假的，也还是会寄钱的。"他反驳道，"他们中很多人在庭审时站出来说过：'我知道这是假的。但是我很喜欢。'"

我们的采访过程中，劳里有时把自己描述成一个高尚的社会服务项目的创造者。有些时候，他又承认的确是因为那些人轻信了他的话他才能赚得盆满钵满。"现在回过头看，你觉得自己有哪些地方做错了吗？"我问道。"有件事，我真的大错特错了，"他说，"我不该把会员注册宣传信中的免责声明删掉。"然后我对他说，他之前说过会员们会直接无视免责声明——对于他们来说加不加没什么区别。劳里说，没错，免责声明并不会动摇那些死心塌地的会员的信念，但是能给他自己带来法律上的保障。

这就跟如今很多电子游戏还有在线服务的做法一样。你注册的时候，会弹出一个十几页的文件让你浏览，一眼看过去全是法律术语，基本不会有人去读，能看懂的就更少了。[我之前为美国国家公共电台（NPR）做过一期节目，讲的是人们几乎不会花时间去阅读"服务条款"。有一项研究显示，就算有小号字体注明了诸如同意该协议即视为同意放弃自己的第一个孩

第七章 彩虹之上

子这样荒谬的条款,志愿者们也会乐呵呵地勾选"同意"。]一旦你勾选了"同意",条款就会产生法律效力,你就是在表明你明白之后发生的一切都是虚假的。之后就会发生很多现代版本的"爱之堂"的故事。你可以建造城池,玩第一人称射击游戏,经营农场。你的化身能在虚拟世界里漫游,与别人相爱。你可以不舍昼夜地沉浸在这些世界里。一些人在这些网络社区里待久了之后再进入"现实世界"会觉得自己被蒙蔽、被欺骗了。但是大多数人仍然会感到开心。旁观者可能会嘲笑你,但是你很开心,虽然没能抵抗住诱惑,但是也体验了一把成为军阀、摧毁邻居农场,或是称霸一个遥远的银河系的刺激。

在我采访约瑟夫·恩里克斯时,距离他收到帕玛拉寄来的最后一封信又过了三十多年。三十多年太久了,得克萨斯州的达尔哈特已经全然变了模样。这个曾有漂亮的西班牙风格的法院坐镇的小城镇,生命力早已经枯竭。州际公路两侧被各种商铺一点点侵占,挤在里面的还有大量的廉价汽车旅馆,主要面向路过的司机,还有为了参观一年一度的牛仔竞技和团圆大会蜂拥而至的旅客。

约瑟夫·恩里克斯现在住的地方仍是他收到"爱之堂"的第一封信时的住所。那儿离他出生的房子只有几步路远。社区里有很多光秃秃的庭院,还有很多狗,铁丝网和皱巴巴的铝板把每家的院子相互隔开。约瑟夫的房子已经饱经风霜,却迟迟没有粉刷新的油漆。

房子里面杂乱无章地摆着各种旧家具。有些是约瑟夫已故的父亲做的。屋里还有很多书，有关基督教和占星术的小册子，还有塔罗牌。门上挂着黄道十二宫的图标，约瑟夫说那些是幸运符。客厅中最显眼的架子上摆放着约瑟夫父母的相片，旁边是一尊小的圣母玛利亚的雕像。作为一名虔诚的天主教徒，约瑟夫每周日仍会去到帕多瓦的圣安东尼参加主日弥撒，他曾就读的教区学校就设在那个教堂内。

约瑟夫现在已经过了耳顺之年，他个子矮小，身板薄薄的，他的头发是黑褐色的，没有卷曲，头上戴着一顶丹佛野马队的帽子。他的狗楚巴卡（Chewbacca）——他唯一的真正的伴侣——与他形影不离。几年前，为治疗糖尿病导致的并发症，医生截掉了他的几个脚趾头，现在他走起路来稍有些跛。他的眼眸中闪烁的光芒仍然带着几分天真和顽皮。他说起话来很轻柔，很诚挚。

象征着约瑟夫和帕玛拉两人间点点滴滴的物件仍然摆在他家里。他已经读过了所有的报道，知道了劳里诈骗手段的大部分细节。但他仍然将帕玛拉寄给他的纪念品视作珍宝。象征着她心意的鹅卵石摆在卧室里。那座灯塔雕像放在他柜子上最显眼的位置，他每天晚上睡觉前和每天早上醒来后都能看到。灯塔雕像旁边是帕玛拉的照片，她留着法拉·福赛特式的发型，抱着她的小狗吉吉。

约瑟夫曾花了很长时间思考他和帕玛拉的那段关系。他心中没有苦涩，也没有怨恨。当他回忆"爱之堂"时，只有错综复杂的怀念和渴望。他深信，他和帕玛拉的那段关系是他的救生衣，使他在人生最困难的时候能浮在水面上不至于溺毙，任

第七章　彩虹之上

何事情都休想改变他的看法。

"我们都梦想能找到一个我们深爱的人然后与之相伴一生，从此一切顺遂，路上只见雏菊簇簇，蝴蝶恋花。"他说，"爱之堂差不多就让我有了那种感觉。"帕玛拉就是他在寻找的，一个"真正对你感兴趣，而不是对你的银行账户、你的房子、你的车感兴趣"的女人。

他说，帕玛拉"让我能有个人说话。我被人瞧不起的时候，她告诉我要坚持住，我处在情绪低谷时，她能看出我的疲惫，让我'振作起来'"。他现在看到照片和灯塔雕像的时候仍然会有类似的感受。"我知道这都不是什么贵重的东西，"他说，"但是对于我来说意义重大……我每天起床后都会看一看。我会看看灯塔雕像，然后我去到主卧室，那里摆着我父母的照片。我会看看他们。就算再难，你也要相信些什么。"

第三部分

部　　落

第八章
赴汤蹈火

> 这个宇宙中根本没有神、没有国家、没有钱、没有人权、没有法律,也没有正义,这些只存在于人类共同的想象中。
>
> ——尤瓦尔·赫拉利,《人类简史》

自我欺骗脑从方方面面影响着我们的生活。它影响着我们对意义的追求——驱使我们在孤独时寻找陪伴,在生病时寻找安慰。它影响着我们对品牌的选择,主导着人际交往中的各种规则。如果我们无视它的指示,它非但不会悄无声息地退场,反而会杀个回马枪,报复似的破坏理性脑制订的计划和目标。它会渗透到我们的人际关系中,塑造我们对现实的理解。而它最可怖的地方在于,它不单单会影响我们每个个体的行为,还会在很多方面迫使我们听从社群和部落的号召。本书的最后几章将会从以下三个方面探究这一问题——仪式的普遍性、民族

妄想的悖论

或国家的崛起，以及宗教力量的生生不息。

你也许会问，每个个体的大脑机制怎么会与族裔和宗教团体，或是社群和国家的集体行为扯上关系。从最简单的层面来说，集体是由个体组成的，个体的行为模式会通过集体展现出来。从更深层和更重要的意义上来说，我们每个人的大脑——表面上看似乎只属于我们自己——其实生来就是为了服务集体而存在的。之所以这么说，一定程度上与物竞天择的规律相关：如果你还记得我曾提到过每个人都是遗传信息的"生存机器"，那一切就说得通了，基因会塑造我们的大脑，令我们不仅要保障个人的幸福，还要保障同类的幸福。毕竟我们的基因并不仅存在于我们每个人体内。它们还存在于我们的族人体内。的确，物竞天择驱使着我们拼尽全力生存下来，保障好自己的个人利益。没有人会轻易了结自己的性命。但是在这种算法中还存在一些特别的子程序：如果牺牲自己的性命能换来整个部落的安宁，从而使我的基因能通过族人延续到下一代，这种做法就会被"选择"，然后一代一代地延续下去。理性或许会告诉你，你死了对你一点好处也没有。但是在特殊情况下，自我欺骗脑会让你愿意将集体利益置于个人利益之上。我们通过观察各类仪式、各个民族和各种宗教就可以发现这一点。

卢旺达内战后，胡图族的好战分子越过边境逃到了刚果境内。很多村民落入他们的掌控之中。那些没被控制住的村民往往是他们残暴突袭的目标。在刚果，一个叫布拉姆比卡（Bulambika）的村子所处的地理位置非常不利。这个村子位于

第八章　赴汤蹈火

南基伍省内，那里恰恰是胡图族人聚集的地方，即使按照整个地区的标准来看，村子里流血冲突事件也发生得过于频繁。强奸案更是频发。联合国主管人道主义事务的副秘书长称布拉姆比卡村附近区域的性暴力事件是"全球最恶劣的"。当地的人民没有办法保护自己。村民们都是农民，他们只有砍刀。胡图族的民兵组织有步枪等各类枪支——还有长期使用暴力的历史：这些好战分子中的一些人曾参与对图西族的种族灭绝。情况是如此恶劣，以至于布拉姆比卡村的村民们都不敢出门去田间劳作耕种。

2012年的某天晚上，胡图族的好战分子对布拉姆比卡村的邻村发动突袭，杀害了几十名妇女和儿童，还损毁了尸体。那之后，布拉姆比卡村的一位老人做了一个梦。在梦里，他见到了自己祖先的魂灵。他们传授给他一种秘密的仪式，让他能拥有魔力保护他的族人、击退敌人：他需要去到远处的一个森林里，挖一些特别的根茎、一些植物，还需要动物的肠子，然后把这些调和在一起做成粉末，再把粉末放在 gri-gri 里面，这是刚果人的仪式中施咒时用的盆钵。如此这般，再完成一些特别的仪式后，一个人就算中弹也不会死。

有关这类防弹仪式的说法在刚果已经有很长的历史了。有的版本是说吃下一颗男人的心脏就可以即便中弹也毫发无损。刚果军阀维塔·基塔姆巴拉（Vita Kitambala）之所以能控制住手下的战士，很大一部分原因是据传他能让跟随他的人有抵御子弹伤害的能力。据说，他还能给人传授飞行的能力，还可以让自己隐形。

妄想的悖论

像这样许诺能让受术者不被子弹所伤的仪式，其源头轻易可考——又极易证伪。即便如此，这类仪式依然流传了许久。我们要怎样看待这类仪式呢？是因为面临要被屠戮殆尽、社会和文化就要灭绝的威胁，所以人们集体中邪精神错乱了吗？又或是还有别的什么原因？有没有可能这种仪式真的**有效**呢？

2015年，两位经济学家，哈佛大学的内森·纳恩（Nathan Nunn）和芝加哥大学的劳尔·桑切斯·德拉谢拉（Raul Sanchez de la Sierra），启程去了解刚果布拉姆比卡村的防弹仪式，想找出这些问题的答案。此时距离那位老人做了那个关乎命运的梦已经过去了三年。任何理性的人——对于防弹仪式的效果有合理程度的怀疑的人——都会推断，布拉姆比卡村村民最后的结局一定惨不忍睹。但是这两位经济学家惊讶地发现，在近两年的时间里，村民们都过着和平的生活。胡图族人残虐的入侵早已停止了。

纳恩和德拉谢拉了解到，那位老人因为那个梦"发现了"防弹仪式之后，人们在一只山羊身上测试了咒语。他们对着山羊开枪，但是山羊活了下来。于是村民们就相信了那个仪式和咒语。这个新发现的防弹仪式使年轻人大受鼓舞，胡图族人靠近时他们不再逃跑，而是横下心来用任何能找得到的武器与敌人一战。有时，这些年轻人能成功杀死敌人然后从对方那里缴来武器。于是，等敌人下一次发动突袭时，他们又比上次武装得更好。

可以预想到的是，在和胡图族人的战斗中，布拉姆比卡村的村民会死伤惨重。他们经常被杀。但那被归咎于复杂的仪式

第八章 赴汤蹈火

中出现了小差错。一段时间后,四处都有传言称村民们无惧敌人,誓死抵抗。胡图族的民兵组织开始重新考虑对布拉姆比卡村的进攻。他们撤退了,村民们也更加坚信是仪式和咒语起了作用。

纳恩和德拉谢拉得出的结论是,村民们对于这种防弹仪式的信念是他们愿意去拼命换取一线生机的决定性因素。作为经济学家,他们从成本-效益分析的角度来看待村民们的行为:人们要么奋起反抗,要么逃跑。因为相信这种仪式的力量,他们心中的天平就倒向了反抗这边,最终使村子逃脱了被屠杀的命运。从科学的角度来看,他们的信念是错误的。虽然错误,它却让他们活了下来。

防弹仪式也并不是仅仅出现在刚果。它的历史几乎可以追溯到枪支最早出现的时候。其中两个最著名的例子都发生在19世纪末期。第一个例子发生在美国大平原区域,当时,战争和美国政府的政策都在将美国原住民文化推向毁灭的边缘。有一天,日全食出现时,一个叫作瓦沃卡(Wavoka)的派尤特族小孩经历了灵异事件,他看见所有的原住民,不论是活着的还是死去的,都在未来的极乐世界里欢聚在一起。渐渐地,当他的经历和教义传遍了大平原区域的各个部落后,瓦沃卡教义——瓦沃卡本人主要是靠一个白人农场主家庭抚养长大,洗礼名是杰克·威尔逊(Jack Wilson)——逐渐发展为一个新的宗教,是传统原住民信仰和启示基督教的结合版,该宗教以信徒们进行的仪式——幽灵舞(The Ghost Dance)而知名。

妄想的悖论

幽灵舞最终传到了美国中西部的苏族人那里，和现有的神话相结合后演变成一个预言：苏族人的祖先将会带着一大群野牛回来，将白人赶到大洋的另一边。苏族人为幽灵舞添加了一个重要的新要素：幽灵衬衫，穿上这种衬衫的人即使中弹也不会受伤。

幽灵舞运动在1890年的冬天达到高潮。在北达科他州的伤膝河，美国士兵将大约350名苏族幽灵舞信徒包围，然后关在一个临时搭起的营地里，被抓的人大部分是妇女和孩子。在士兵们搜查苏族人的帐篷确认有没有人藏匿枪支时，一个叫黄雀（Yellow Bird）的巫医呼吁他的族人奋起抵抗，还向他们保证"子弹不能穿透我们的身体"。随后，在一阵枪林弹雨中，250个幽灵舞信徒被杀害。用一位幸存者的话来说，他们"被一枪打死了……好像我们只是头水牛一样"。而这些人命换来的是，大约20名美国士兵因为他们的英勇表现被授予荣誉勋章。

伤膝河事件后，幽灵舞很快销声匿迹了。但是几年内，另一种可以防弹的仪式出现在中国的义和团中。义和团成员将各种超自然的仪式融入他们严苛的武术训练中，以此来鼓舞人们抵抗外国侵略。他们的其中一个仪式叫作金钟罩，据说练就这一招就能刀枪不入。

义和团的兴起是对欧洲各国疯狂入侵中国，以及传教士怂恿中国人放弃自己本土宗教转而信奉外来宗教做法的反抗。最终，义和团与由美国、日本，以及欧洲最强大的几个国家组成的八国联军交战。但可想而知，金钟罩在战场上没能起到任何

第八章 赴汤蹈火

作用,战事惨烈,义和团全军覆没。八国联军占领了中国中部的大片地区,包括首都北京。在之后长达一年的时间里,烧杀奸淫,无恶不作。

相较于布拉姆比卡村村民们的经历来说,美国原住民的幽灵舞或是中国义和团的金钟罩最后的结果似乎都是惨败。这两个群体都经历了屈辱性的失败,他们对于各自的防弹之术的信仰也崩塌了。

但是这两次事件的后续影响都要比表面看上去要深远得多。义和团运动虽然失败,但是它打击了西方帝国主义瓜分中国的计划。尽管西方各国继续通过经济手段打压中国,却不再试图直接通过战争征服中国。如今,很多中国人将义和团运动看作中国从处于被瓜分边缘的弱国变成具有全球影响力的大国这一剧变的开端。

美国原住民的幽灵舞给他们带来的好处似乎更不明显。原住民虽然穿上了幽灵衬衫,但在人数和武器装备上都远远落后于美国军队,很难成为他们的对手。但是正如奥格拉拉苏族的首领红云(Red Cloud)所说,这场运动使他能将族人们团结起来,他们"抓住了希望"。"伤膝"(Wounded Knee)直到今天仍然是一个能唤起美国原住民集体认同感的集结口令。

刚果人的防弹仪式、苏族人的幽灵衬衫,以及义和团的金钟罩起到的都是心理作用:让群体在生死攸关之际能聚集起来共同进行抵抗。抵抗的结果各不相同,有的失败了,有的成功了。但至少,这些仪式都"成功地"增强了群体的凝聚力和行动的统一性。每一种仪式都在部落、民族和文化层面起到了肉眼可见的积极影响。

　　世界上存在着各类仪式，防弹仪式虽然是其中一个极端的个例，但它为我们提供了几条重要的线索，能帮助我们理解为什么世上几十亿人每天都会进行一些看似毫无意义的举动。不论是大学男生联谊会上整蛊新生的环节，还是在圣餐仪式中吃面包喝红酒，不论是见面时的握手，还是足球运动员进球后的庆祝，这些都属于仪式。那么，为什么仪式会普遍存在，又为什么往往能够一代又一代地流传下来？布拉姆比卡村极端的情况为我们揭晓了答案：仪式为人类提供了面对危险和变幻莫测的世界的一种方式，增强了人们的凝聚力、一致性和勇气。仪式的意义不在于他们是否真的"生效"了。它们的作用体现在**心理**层面，而有些时候——就像刚果的村民们击退了胡图族的好战分子那样——心理现实会成为真正的现实。

　　在博茨瓦纳西北部的措迪洛山，有一块被当地桑人称为"诸神之山"（Mountains of Gods）和"低语之石"（Rock that Whispers）的地区，那里一个洞穴的岩壁上有凿出来的蟒蛇的图案。蟒蛇对于桑人来说是极其重要的形象。在他们的创世神话中，人类是蛇的后裔，是蛇在不断寻找水源的过程中塑造了周围丘陵的形状。

　　最早发现该洞穴的考古学家们没有找到足够的工具或是其他能表明该洞穴曾有过实际用途的迹象，比如说它是否曾被人们用作避难所。但是，他们确实发现了一些精心制作的石器时代的箭矢；箭矢被涂成了红色，这一点对于桑人来说很不寻

第八章 赴汤蹈火

常。很多红色的箭矢被火烧过,一些考古学家由此推论燃烧箭矢是作祭祀用的,这个洞穴是用来进行仪式的。

尽管该遗址准确的年份和性质还存有争议,但据一些考古学家估计,它大概已有七万年之久,算得上是世界上已知的最古老的进行仪式的地方。如果这一推断没错,这就意味着早在第一批人类抵达欧洲和亚洲之前,人类就已经在举行仪式,当时人类刚开始有抽象思维,出现象征性行为。

1771年出版的第一版《不列颠百科全书》中将仪式描述为"庆祝宗教典礼和执行神圣服务时需遵守的秩序和礼仪"。但是仪式并不一定都与宗教有关。无神论者也会在每日的社交中进行一系列仪式,比如正式的问候,或是在举办晚宴时遵循一系列规定的步骤。那些为纪念重要场合而举行的仪式,比如毕业典礼或是国家新任总统的宣誓就职,就是既包含宗教元素也包含世俗元素。

美国人并不把自己看作热衷仪式的人。然而数据显示,2017年,美国的新婚夫妇在婚礼上的平均开销为3.3万美元,这还不包括度蜜月的费用——当然,度蜜月也是一种仪式。即便是世界上生活最拮据的人,那些每天仅能有1美元开支的人,也要优先满足婚礼和葬礼这类仪式的花销,其次才是食物和生活必需品。一项研究发现,在世界上最贫困的家庭中,有一半在上一年为婚礼花过钱,至少一半为宗教节日花过钱。在印度的拉贾斯坦邦,一个地区最贫困的家庭中,有99%在一年中会花钱在宗教节日上。

如果有外星人在观察人类的话,当看到天主教徒在进入教

149

妄想的悖论

堂时下跪、在胸前画十字，或是看到橄榄球队的四分卫在触地得分后指向天空时，他们一定会觉得疑惑不解。仪式的一个典型特征就是它们没有任何实际用途，即使这样仪式也依然普遍存在，实在令人觉得不可思议。事实上，仪式的意义就在于**它们没有任何明显的意义**。这也就是为什么考古学家们在措迪洛山的蟒蛇图案旁发现烧过的箭矢后会推断这些箭矢曾被用于仪式当中。不然为什么要费劲制作一支箭然后又把它烧了呢？

一些仪式经历了几百年，甚至一千年的时间后依然延续了下来。考古发现，已知最早的埋葬仪式可以追溯到大约四万年前，遗址位于如今澳大利亚的蒙戈湖。一名 50 岁的男性死后身体被涂成赭红色。墓地里的遗骸膝盖弯曲，双手手指紧扣放于腰际，看起来很平静。这与如今北美无宗教信仰的家庭埋葬亲人的方式并没有太大差异。注重纯洁、食物准备，或是为统治者加冕的仪式在偏远地区非常普遍。如果在不同时期、不同地点，在互无关联的群体中出现了同样的行为，那就说明这一行为已经在人类心智中留下了深刻的烙印。

我在印度长大。时常令我感到惊讶的是，人们就算已经没钱给孩子买衣服，或是供不起孩子的书本费和学费，也依然会在"毫无意义的"仪式上花钱。为什么生活已经苦不堪言了，人们还要再参加会给自己带来伤痛的仪式，或是踏上痛苦的朝圣之旅呢？在去蒙特利尔的一次旅行中，我看到虔诚的教徒为了分担耶稣曾经历的痛苦跪着爬上圣约瑟夫大教堂的九十九级台阶。20 多岁的时候，我只觉得这些仪式离奇、错误。过了几十年后，我终于明白，人们正是**因为**饱受贫穷和疾病之苦、有

第八章　赴汤蹈火

其他深层需求，才会进行这些仪式：仪式能减轻焦虑，能让我们从历史和文化中感到安宁，能将我们和群体联系在一起。在后文中我们会谈到，消除"毫无意义的"仪式最好的方式之一，就是**解决最根源的威胁**或是解决我们创造仪式用来对抗的问题。

事实证明，仪式对参与者的严苛要求是它们能起到社会功能和心理功能的关键。有一些仪式只会对参与者造成一定程度的伤害，但很多仪式会要求参与者付出极大的代价。一些需要投入大量的时间和精力，或是要不断进行让人麻木的重复性动作。还有一些会严重伤害参与者的身体。在希腊，东正教徒会进行一种叫过火节的仪式来纪念圣君士坦丁和他的母亲圣海伦，方式就是光脚走过烧着的煤炭。在菲律宾，有的天主教徒在耶稣受难日的仪式上会将自己的手脚钉在十字架上。在印度的马哈拉施特拉邦和卡纳塔克邦，一些信仰印度教和伊斯兰教的农村家庭有时会进行一项有七百年历史的仪式：在神殿将新生儿从几十英尺左右的高空抛下，男人们牵着毯子在下面接住——以此来显示自己的虔诚，也为给孩子带来好运。

你也许会说，以上这些例子都是宗教仪式，未免有些以偏概全。那么，请大家想一想军营和男大学生联谊会中再寻常不过的捉弄，这些仪式与宗教并无关系。在人们还在使用木制帆船航海的年代，水手第一次越过赤道时会进行"跨线"（crossing-the-line）仪式。作家威廉·戈尔丁本人就是一名海军老兵，他在自己的布克奖获奖作品《启蒙之旅》中揭露了这种野蛮的仪式：一个男人被暴力地从他的船舱中绑出来，半裸

妄想的悖论

地浸在"獾皮囊"（badger bag）中——一口装着海水和排泄物的大缸——然后被屈辱地游行示众，还要向打扮成海神尼普顿的军官鞠躬。尽管这些年来这项仪式已经褪去了一些野蛮的部分，但各种不同的版本仍然在现代海军中上演。

请注意，这类捉弄仪式越是常见的地方——例如军队、体育运动队伍和男大学生联谊会——越是强调集体凝聚力。这些仪式能有效地划分出"内群"和"外群"——一起经历过磨难和不寻常试炼的人，以及那些不理解这种行为的人。仪式通常会受到文化背景的强烈影响，但是就算剔除这一因素，仪式也依然能起到建立社会纽带的作用。在一个实验中，心理学家们让被试者进行一项随意编造出来的仪式。其中一个研究人员，心理学家尼古拉斯·霍布森（Nicholas Hobson），之后向我详细描述了这个仪式："拿起杯子，把杯子里装满温水，既不能太凉也不能太烫。拿起一枚硬币，像十分硬币这样的小硬币要用非惯用手拿，二十五分这样大的硬币要用惯用手拿。低下头，按顺序把所有硬币小心地放入杯子里。"这个仪式显然毫无意义。但是，当被试者之后被要求玩些简单的游戏来测试他们对彼此的信任的时候，那些完成了仪式的人比之前没有进行仪式的人展现出了更好的合作。有趣的是，霍布森和他的同事们发现，同样是随意编造出来的仪式，简单的版本就不会"奏效"。也就是说，当仪式具备一定的复杂性，参加仪式的人有一定程度的付出时，这项仪式才能在心理方面和社交方面起作用。这或许就是为什么仪式中参与者承受得越多，仪式的效果似乎就**越**好。

第八章　赴汤蹈火

当集体聚集在一起进行仪式时，就会产生法国社会学家埃米尔·涂尔干曾提出的"集体欢腾"（collective effervescence），让参与者获得归属感和安心感。用现在的话来说，这或许就是"社会凝聚力"。我想请大家思考一下犹太教顽强的生命力。犹太教的各类仪式，以及几百年来犹太人一直虔诚地进行这些仪式这一事实——就算面临种族迫害时也未曾改变——已经成为信徒们能团结一致生存下来的重要因素。

近年来，研究人员发现了大量仪式能增强集体感的证据。许多仪式的特点就是很多人同步进行各个动作。一项研究发现，大学赛艇队的队员们整齐划一的划桨动作使队员们与自己单独划桨时相比分泌了更多的内啡肽。而内啡肽除了有镇痛、减轻压力的作用以外，还能增进人与人之间的关系。

就算不在集体当中，我们也会进行仪式。这些仪式可以是每天早上一边喝咖啡一边看报纸，也可以是工作中要做重要报告时穿上幸运衬衫。我有一件特别的衬衣，每次我喜欢的球队要有一场鏖战时我就会穿上它。穿上这件衬衣会把我跟其他球迷联系在一起吗？也许会。但是大部分时候我是坐在电视机前独自一人观看比赛，没有其他的球迷在旁边。这件衬衣显然也不会对赛况造成任何影响。所以我为什么要特意穿上它呢？因为这会让我觉得安心一点。在面临不确定性的时候，仪式能给我带来安慰。而这种安慰是否只是我的错觉并不重要。我**知道**我的衬衣不能改变比赛结果。但是**感觉上**它能。它会让我有更多的希望，让我能往好的方面想。这才是重点。

妄想的悖论

　　波士顿红袜队前球星韦德·博格斯（Wade Boggs）是棒球史上最伟大的击球手之一。他每天 5:17 开始击球练习，每天 7:17 做短距离冲刺。他比赛前只吃鸡肉，这也让他有了"鸡肉男"的外号。每次击球前，他都会用球棒在泥土里画出希伯来单词 חי（khai，"生命"）。（他本人并不是犹太人。）博格斯因为这些举动被看作是美国体育界最迷信的运动员之一。如果说博格斯是个极端的个例，有适当程度迷信的运动员也有很多。众所周知，迈克尔·乔丹参加每场比赛时，在他的芝加哥公牛队的队服下都穿着北卡罗来纳大学的短裤。

　　一系列研究表明，这些看似疯狂的举动并不是毫无缘由的。有条理的重复性动作能帮我们镇定下来，克服焦虑。一项研究发现，2006 年黎巴嫩战争期间，生活在战区的以色列妇女能通过经常背诵赞美诗来缓解焦虑。天主教的学生背诵《玫瑰经》也能有同样舒缓焦虑的效果。通过减轻焦虑，仪式能帮人们更好地完成任务。在另一项研究中，被试者被要求使用任天堂游戏机上的一个唱歌软件演唱旅程乐队（Journey）的《不要停止相信》（Don't Stop Believin）。但开始之前，一半的参与者拿到了写有这样指示的字条：

　　　　请进行以下步骤：画出你现在的感受。在你的画上撒点盐。大声数到五。把画揉成一团，然后丢到垃圾桶里。

随后，研究人员用任天堂的声音识别功能去评判参与者的歌声。那些唱歌之前进行了上述仪式的人焦虑程度较低。更重要的是，根据唱歌软件的客观评分标准，他们的**表现**也更好。

第八章　赴汤蹈火

临床调查结果显示，人们精神上受到刺激或是经历创伤时，通常会选择进行仪式来缓解痛苦。有时，人们会太过依赖重复性的仪式，导致它最终演变为强迫症一类的病态行为。早在1924年，弗洛伊德就曾指出，"神经质的仪式和神圣的宗教仪式"有惊人的相似之处。

仪式早已成为我们天性的一部分，很多时候我们都意识不到自己是在进行仪式。在一项实验中，研究人员先是给被试者佩戴了特殊的传感器来监控他们的行动，然后又给他们安装了心率监测器来判断他们的焦虑程度。然后，研究人员要求这些参与者准备一场关于某个装饰品的报告，一会儿要向一组专家进行汇报。被试者完成后，他们被要求清洗那些装饰品。通过传感器，研究人员能知道被试者清洗物件时动作的复杂度、重复度和刻板度，这些都属于仪式的特点，从而判断出这些清洗动作和仪式动作有多么相似。被试者越焦虑，清洗过程中就会有越多的仪式性的动作。

研究人员利用清洗动作来判定该动作是否属于仪式性动作是有依据的。仪式性的清洗动作是焦虑症患者较常有的一种表现。**总的来说**，仪式性的清洗也是最常见的仪式之一。世界各地不同的文化和宗教对于仪式该怎样进行都有各自复杂的规矩和禁忌——例如，印度人会在恒河进行仪式性的沐浴，犹太人则有 *netilat yadayim* 洗手仪式。通过这些仪式，我们能发现仪式给人们的心理带来的两种益处——增强集体间的联系，给个体带来安慰——是相伴相随的。

妄想的悖论

会给人带来较大痛苦的仪式能让我们更直观地明白自我欺骗脑是如何运作的。越是痛苦的或是困难的仪式——专家们所说的"代价沉重的仪式"——越是能**表现我们**对集体、意识形态和事业的**忠诚、坚持和矢志不渝**，越是能帮助建立信任，赢得他人的支持。

有一项研究探究了这一观点。在西班牙一个叫作圣佩德罗·曼里克（San Pedro Manrique）的村庄里，每年都会举行欧洲最大的走火仪式，将为期八天的圣胡安节推向高潮。康涅狄格大学的人类学家季米特里斯·西亚加拉塔斯（Dimitris Xygalatas）和他的同事们去到了那里，当有人走过温度约为677摄氏度的炭时，他们使用监测器记录了参与者和旁观者的心率。他们惊讶地发现，其他参与者和正走过煤炭的人的心率是一样的，甚至旁观者的心率也和他们一样。而且，研究人员还发现，当人们的"社交距离"越短时，心率的同步率越高。（如果两人相互认识，社交距离就更短，关联性就更强，丈夫和妻子之间的关联性又比只是认识的人之间的关联性更强。）西加拉塔斯注意到，他和他的同事"仅仅通过观察心率模式的相似程度就能判断人们之间的社交距离"。

西加拉塔斯还和同事们一起去到了印度洋和毛里求斯去进行另一项研究。他们在那里观察了可以说是世界上最残忍的一项仪式：印度教仪式卡瓦迪（kavadi），这是印度教大宝森节的一部分，为了表示对战神穆鲁干（Murugan）的尊敬。参加卡瓦迪仪式的人首先要祈祷并禁食十天。这还只是个热身，接下来才是真正的苦难。参加仪式的人会进行不同程度的刺针仪

第八章 赴汤蹈火

式,有人会在全身刺上几百根针,更有甚者会将金属箭头刺穿脸颊。然后他们要进行长达五个小时的朝拜之旅,走过炽热的沥青路,没有食物,也没有水喝。一些人会赤脚走,一些人会穿着钉子做的鞋。与此同时,每个人还要背着一种可移动的装饰性的神社,叫作 kavadi——直译过来就是"负担"——这也是这个仪式名字的由来。最复杂的是要拖着一辆马车,用钩子绑在自己身上。

当一队朝拜者到达终点时,也就是穆鲁干神庙,研究人员会上前向一些参与者询问一些问题。首先,科学家们会问他们感觉有多疼、多痛苦。然后,他们会支付给这些参与者两百卢比,相当于几美元。被试者离开之前会经过一个帐篷,在那里他们可以选择匿名捐赠部分自己刚刚得到的钱,用来供奉战神穆鲁干。那些经受了最大痛苦的人捐得最多。如果只从理性的角度来思考,这似乎不合常理。但是从心理学的角度来说,仪式会使人们做出"亲社会的"、慷慨的举动。越是极端的仪式越是能将人们联系起来,使人们将别人的需求置于自己的欲望之上。就以参加卡瓦迪仪式的人为例,越是痛苦的人,对自己所属的社群产生的羁绊越深厚。

与其他物种相比,人类既不是最强的,也不是最快的。我们没有锋利的爪子,也没有尖锐的牙齿。在其他生物面前,我们太过羸弱。但是我们拥有**彼此**。早期的人类经过几千年的进化明白了这一点。这也是为什么自我欺骗脑要将我们联系在一起,为彼此战斗,守护彼此。这些行为往往与保全自我的逻辑相悖,因为,在我们处于进化阶段的过去,为了能增加基

157

妄想的悖论

因存续下去的概率，我们与部落站在了一起。在面临令人生畏的超有机体时，"毫无意义的"仪式能将几百万人凝聚在一起，即便大多数人互相并不认识。今天，也正是同样的心理力量将我们凝聚起来，成为美国人、中国人又或是南非人——这些力量正是民族或国家的基础。

第九章
值得付出生命的事

> 我唯一遗憾的是,我只有一次生命可以献给我的祖国。
>
> ——内森·黑尔
> (美国爱国主义者,1776年因间谍罪被英国政府处以绞刑)

在阿灵顿国家公墓的无名战士墓,每天都有士兵二十四小时不间断巡逻。这项仪式从1937年开始一直延续到现在。士兵们巡逻走过的水泥地面因为被踩踏太多次,有些地方出现了凹陷。于是后来地面上铺了一条黑色的毯子,这项仪式也因此多了"走黑毯"这个名称。巡逻的士兵——也被称为"墓园卫兵"——先行进二十一步到墓碑前,然后转身面向东,默立二十一秒,再转身面向北,默立二十一秒,之后再行进二十一步回到起点。如此反复,直到一小时后与另一名卫兵换岗。二十一步、二十一秒象征着美国军队里的最高礼仪,鸣枪

妄想的悖论

二十一响。

无名战士墓坐落在阿灵顿国家公墓一座风景如画的山坡上，周围绿树环绕。得益于这种设计，参观者从那儿展目望去，可以看到波多马克，还能眺望到首都华盛顿。相较之下，纪念碑本身的设计则相当朴素，碑高十一英尺，成棺墓状，毫不惹眼地矗立在那里。上面刻着的碑文也没有任何华丽的辞藻点缀："此处安眠着一位光荣的美国战士，只有上帝知晓他的姓名。"文字固然简朴，但在美国人看来，无名战士墓堪称美国最神圣的一片土地上的最神圣的标志。

每年参观阿灵顿国家公墓的人约有 300 万。几乎所有人都会在无名战士墓前驻足片刻。很多人会坐在一旁露天剧场的台阶上，任自己沉浸在虔诚的静默当中。如果游客多花些时间浏览得更细致些，他们就会发现在剧场墙上用拉丁文刻着的罗马诗人贺拉斯的话：*Dulce et decorum est pro patria mori*——"为祖国献出生命，何等甜蜜光荣。"

最早被埋葬在阿灵顿公墓的是 1864 年在莽原之役中牺牲的 4 000 名联邦军士兵。那场战役是尤利西斯·格兰特的陆路战役的开端，也是美国南北战争走向结束的开始。随着之后每场战争的爆发，墓碑的数量不断增加。时至今日，大约有 40 万名老兵被安葬在这片 624 公顷的公墓里。

是什么让这些英雄儿女愿意为了国家献出生命？对于大部分人来说答案再明显不过，几乎可以脱口而出：我们热爱自己的祖国，爱她的人民，爱她的辉煌。我们崇尚她的理想，欣赏

第九章　值得付出生命的事

她的壮美。或许不是所有人都愿意为了国家献出自己的生命，但我们都尊敬那些做出了这一选择的人。很多人会说，他们的祖国是这世上最独特、最伟大的存在。美国人也普遍是这样看待美国的，他们认同美国例外主义。对于他们来说，美国之所以是美国，是因为美国象征着自由、个人主义和平等。不论是共和党还是民主党，不论是富人还是穷人，不论是近代移民还是已经在美国生活了好几代的移民家族，没有人不是这样想的。每当我听到美国国歌或是《美丽的亚美利加》的动人演奏时，我都会哽咽。这些歌常令我回想起我参观独立大厅时的感受。在位于费城第七街和市场街的交叉口的这栋建筑物里，托马斯·杰斐逊起草了《独立宣言》。我记得自己在读到那些句子时眼角泛起了泪光："我们认为以下真理是不言而喻的：人人生而平等……"

如果让美国人说说他们觉得美国是一个什么样的国家，你大概会听到这样一些话——我们是"由移民者组成的国家"，我们以"犹太-基督教价值观"为基础，我们生活在"自由的土地"上。参观无名战士墓的人大多能背出几句与这类似的话。但是，阿灵顿公墓本身也提醒着我们，我们深信不疑的关于美国的故事——每个国家的人们烂熟于心的关于自己国家的故事——大多是以更复杂的事实为基础杜撰出来的，经过几个世纪的演变才成了我们现在知道的版本。现在阿灵顿公墓所在的这片土地曾属于乔治·华盛顿·卡斯蒂斯（George Washington Custis）——总统乔治·华盛顿的养子。和华盛顿总统以及很多位美国国父一样，卡斯蒂斯是一个奴隶主。他买

妄想的悖论

了六十多个奴隶,这些奴隶在他的种植园里干活,还为他建造了一座壮观的希腊庄园。而今天,那座由奴隶建造的希腊庄园变成了阿灵顿公墓里罗伯特·李(一位在南北战争中支持奴隶制的将军)的纪念碑。

南北战争后,公墓的土地被用来安置之前曾是奴隶的人们——或者,按照面向游客们的解说词里的说法,"被解放的奴隶们"。两种说法的区别在于,"曾"强调的是他们被奴役的经历;"被解放的"强调的则是他们自由了。当然,"被解放的"也能突出美国是一片自由的土地的形象,而不是奴役的土地。但事实是,美国作为奴隶制国家存在的时间要远远超过奴隶制废除后存在的时间。1607 年,英国在美国建立起第一个殖民地詹姆斯敦,不到二十年,第一批奴隶就被英国殖民者带到了美国。而费城的独立大厅,那个我每每在那里读到《独立宣言》就为之动容的地方呢?就在我参观的几年后,历史学家安妮特·戈登-里德(Annette Gordon-Reed)告诉我们,1776 年的夏天,33 岁的托马斯·杰斐逊写下"不言而喻的真理"那些话时——**就在独立大厅里**——他是由一个 14 岁的叫作罗伯特·赫明斯(Robert Hemings)的奴隶服侍着的。杰斐逊自己有几百名奴隶。他还和一个黑人女奴有几个孩子。这个提出美国是平等的国度这一宣言的人,很大程度上是靠奴隶制积累了财富并获得了社会地位。

克里斯托弗·哥伦布的故事同样是虚构的。这个意大利探险家的英雄事迹一直是我们珍视的国家故事。哥伦布确实"发现了"新大陆,那里的原住民已经在那儿生活了几个世纪,这

第九章 值得付出生命的事

不可否认。《另一种奴隶制：印第安人在美洲被奴役的不为人知的故事》(*The Other Slavery: The Uncovered Story of Indian Enslavement in America*)一书的作者，历史学家安德烈斯·雷森德斯（Andrés Reséndez）告诉我们，当哥伦布在1495年陷入经济困难的时候——他的航海之行没有像他期望的那样帮他实现发财梦，部分原因是他意外发现的地方和他预期的不一样——"他想到了一个能帮他还清债务的方式，那就是把印第安人送到地中海的奴隶市场，在当时主要是指西班牙。于是他们在近一千名美洲原住民里，选出了他们觉得最好的，塞到船里，运往旧世界。"自那之后，奴隶贸易越来越猖獗——妇女和儿童是欧洲奴隶市场中最值钱的，因为他们容易被掌控，能干活，还能供奴隶主淫乐。

假设"火星上的人类学家"真的存在，如果他们来到阿灵顿公墓，对看到的一切感到震惊的话，那也是情理之中：一个曾令这么多人陷入惨无人道的奴役和剥削境地的国家怎么还能自诩是自由和人类尊严的灯塔呢？现在阿灵顿公墓所在的地方曾生活着众多美洲土著群体，他们或是被从家园驱逐，或是被抢去了财产，因为要创造"自由的国度"。

但是，美国的建国故事——所有国家的建国故事——和日常生活中的虚伪做法不能被简单地归为一类；它们是一个国家建立的**基石**。为什么？你试着回答一下以下问题就知道了：到底什么是民族？什么是国家？很多人也许会说，国家的意义远大于地图上几条线圈出来的版图。我们可能会搬出文化、历史、语言，或者族裔高谈阔论一番。但是有一点要注意的是，往往让一个民族的人们产生归属感的要素和让另一个民族的人们产生归属感的要素并不一样，正如同让日本人觉得自己是日本人的要素和让美国人觉得自己是美国人的要素并不一样。

一个多世纪以来，作家们、学者们多次尝试给出一个统一的对民族的定义。法国哲学家、历史学家埃内斯特·勒南（Ernest Renan）是最早一批尝试这么做的人之一。"民族是什么？"他曾问道，"为什么有着三种官方语言、两种宗教、三四个种族的瑞士能成为一个民族，非常同质化的托斯卡纳却不能成为一个民族？"他得出的结论是，这个问题没有明确的答案，至少没有一个答案能反映出现实情况。"以前曾有四个部落活跃在现在法国所在的土地上，没有一个法国公民知道自己是勃艮第人、阿兰人（Alain）、泰法拉人（Taifala），还是西哥特人的后裔。我们之所以认为自己是某个民族的成员，是因为我们'遗忘了许多事情'。"

勒南之后，还有很多人尝试给出一个答案，但都没能成功。因为确实没有客观的标准能解释不同民族的起源、功能和共同点。或许关于民族的最准确的定义是政治科学家本尼迪克特·安德森（Benedict Anderson）给出的版本。他的结论是，我们之所以相信自己是希腊人、叙利亚人，又或是尼日利亚人，是因为我们**愿意这么相信**。他写道，一个民族，是一种社会结构，是"想象的共同体"。

所有的民族都是由故事堆砌出来的——关于我们共同的过去、我们代代相传的英雄人物的故事，还有我们选择无视或是

第九章 值得付出生命的事

封杀的关于失败、软弱、残忍的故事。编撰故事、传播故事、封杀故事,这些都很重要,尤其是当你想要动员人们参军或是成为人民的公仆的时候。当某个地区遭遇了自然灾害或恐怖袭击需要号召其他地区的人施以援手时,人们共同相信某些故事的重要性就会体现出来。一个贫穷的得克萨斯人为什么要帮助一个无家可归的加利福尼亚人呢?他们既没有血缘关系,又没有生意上的往来,也没有共同利益。因为他们都相信他们属于同一个民族,他们早已被历史甚至说命运联系在了一起。关于民族的故事让我们觉得我们是一个共同体,而不是几亿个单独的个体。"两名互不认识的塞尔维亚人,只要都相信塞尔维亚国家主体、国土、国旗确实存在,就可能冒着生命危险拯救彼此。"以色列历史学家尤瓦尔·赫拉利这样写道,"但是这些在人类编撰和讲述的故事以外都不存在。"

当然,一个国家的需求和首要目标会不断变化。需求和目标变了,国家故事自然也要变。亚伯拉罕·林肯是他那个时代的进步人士,但是他并不支持种族平等。他曾说过,如果为了拯救联邦而不能解放一个奴隶,他就会那么做。他最初对于解放奴隶的看法和现在的移民强硬派非常相似——他希望将所有的奴隶都驱逐到"利比里亚,他们原来生活的地方"。南北战争之后——刺杀事件之后——林肯被塑造成了"伟大的解放者"。这是在洗白历史吗?或许是吧。但是这个新的故事帮助民权运动在 20 世纪 60 年代实现了很多重大变革,让美国人民认同林肯所说的"我们本性中的善良天使"。马丁·路德·金在华盛顿林肯纪念碑的荫蔽下发表了《我有一个梦想》的著

妄想的悖论

名演讲，美国第一位非裔总统巴拉克·奥巴马选择了将林肯的出生地，伊利诺伊州的斯普林菲尔德，作为他竞选活动的第一站。每当共和党因为种族歧视问题被谴责的时候，他们就会说自己是"林肯之党"来给自己挽尊。

国家故事可能真假参半，可能是赤裸裸的谎言，也可能是杜撰或想象出来的现实。但是一旦这些故事被编造出来了——一旦几百万人都相信了这些故事——它们就**变成了**事实。哲学家斯拉沃热·齐泽克曾这样评论这些大的、人们集体相信的谎言："如果一切都是假的，那么这种假象，尤其是我们明确知道是假象的情况，就会将社会现实展露无遗。就算没有发生过，它也是真的。"

这些为了能创造一个民族而出现的歪曲、错觉和自我欺骗有着极其重要的作用。我们共同相信的国家故事使我们有了共同的身份认同和目标，使我们能凝聚在一起去完成伟大的事业，使我们在面临生命威胁时愿意且有能力保护自己。如果没有把自己看作一个民族的一分子，我们就永远不会发展出商业、货币、法律。不会有人交税，也不会有人志愿参军。美国人如果不相信美国的建国**故事**，就不会团结在一起在二战中打倒法西斯；他们就不能建立起胡佛水坝这样伟大的基础设施，也不能成功研发出登月技术将人类送上月球。

由此可见，错觉、故事和错误的信念有时能在我们的生活中起到重大作用。这些支撑着民族-国家发展的故事就是最戏剧性的例子。因为自我欺骗，才有了后来人类文明中的辉煌成果。

第九章 值得付出生命的事

站在阿灵顿公墓里的墓碑之间,一个理性主义者或许会问,这些男人和女人为什么会愿意献出自己的生命,因为说到底,国家只是由其他人类在地上画出的线围起来的一块土地。这些线条也并不是那么神圣不可侵犯——国境线因为国家的分崩瓦解重组不断变更就能说明这一点。但是这些理性主义者忽略了重要的一点。如果没有一开始的建国**故事**,就不会有后来的阿姆斯特朗登月、苹果和谷歌公司、纽约洋基队、费城老鹰队。同理,如果布拉姆比卡村的村民们从一开始没有相信那个故事,他们也就不会有勇气去赢得和平的生活。没有一开始的建国故事,你就不会有现在作为国家公民能享受的一切。

任何一个头脑清醒的人都不会愿意为了建造宇宙飞船或是在硅谷成立一个互联网公司而搭上自己的命。要鼓励人们去做这些造福国家和人民的事,光靠摆出成本-效益的分析结果是不够的。要是什么都靠理性的计算来判断值不值,就不会有英雄舍身挡在孩子和超速的车中间,阿灵顿公墓里埋葬的士兵也不会死在异国他乡的战场上。拿破仑曾说过:"一个人不会为了每天半个铜币或是一丁点荣誉就付出自己的生命,你必须鼓动他的灵魂才能激起他的斗志。"一个国家守护的是集体的利益,为建设国家做出牺牲的却是个体,若是不能唤醒人们内心深处的强大动力,个体便不会愿意将集体利益置于个人利益之上。想要以美国为例来验证这一点或许很困难,毕竟各种故事已经流传了几百年之久,早已深入人心。但若是去观察一个新的民族,以及想要建设新的国家的人们,就能更清楚地明白故事是怎样起作用的。

妄想的悖论

2016 年，一个视频在网上流传开来。视频中是个英俊的男人，中东人模样，大约二十出头，说着一口流利的英语。他叫艾哈迈德·萨米·赫德尔（Ahmad Sami Kheder）。整个视频制作得很专业，也没有假大空的感觉。看起来像是一个小的非营利组织在招募志愿医生，去帮助饱受战火摧残的发展中国家。视频里，赫德尔时而站在高端医疗器械旁边，时而在医院照顾新生儿，时而出现在教室里为学生讲解人体解剖图。他的肩上一直挂着一个听诊器，就像随手搭在肩上的一条围巾一样，让他看起来像是个时尚的精英医生。赫德尔的脸上一直挂着微笑。

视频快结束时，赫德尔向他在英国的穆斯林同胞们发了一篇视频信，他说得很诚挚，声音平静从容。这封视频信的重点在于，他看似漫不经心地提到的 *Dawlat al-Islam* 在阿拉伯语里是"伊斯兰国"的意思。也就是说，这个视频是 ISIS 的征召视频。视频面向的是西方医学生和医生，他们接受过专业训练，懂得医术，正是这个恐怖组织急需的人群。赫德尔也是 ISIS 的成员，视频发布的时候他刚加入几年，后来死于摩苏尔战役。赫德尔的家族最早生活在苏丹，他在苏丹读医学院时加入了 ISIS。和他一同去到叙利亚加入 ISIS 的还有另外九名那个学校的英国学生。他们都只有 20 岁左右，有三个人已经拿到了医学学位。在那之后，那所大学又有更多的外国裔学生走上了这条不归路。

学校开始疯狂寻找办法来阻止这一切继续发生。最后，学校的管理人员找到了斯科特·阿特兰（Scott Atran）。阿特兰是

第九章 值得付出生命的事

一位人类学家,在牛津大学、密歇根大学和法国国家科学研究中心都有任职。阿特兰的实地调研工作令他作为"圣战"分子动机研究方面的领军专家享誉世界。我后来在采访中和阿特兰谈到了他和学校管理人员的那通电话。他回忆称管理人员一筹莫展。"他们是我们最优秀的学生。"管理人员说,学生的父母都"急疯了"。

最令人困惑的是,这些学生怎么看都不像是会加入恐怖组织的人。赫德尔来自英国一个中上等家庭,住在以环境优美著称的伦敦南郊卡肖尔顿。他曾在上等文法学校就读,拿过全A的优异成绩。据他的一个朋友描述,他"谦逊、聪明、酷、外向——绝对不是会说起或是支持'圣战'或恐怖主义的人"。另一个朋友说他"似乎很享受西方享乐主义的一切恶习"。在2009年的一张照片上,赫德尔站在英国一家快餐店门前,手里拿着一罐啤酒,为自己的考试成绩庆祝。

报纸上对其他加入ISIS的学生的报道也如出一辙。就像赫德尔一样,这些学生大都来自中上等家庭。只有个别人有宗教信仰。大部分在社交平台上非常活跃。从社交动态来看,他们就是再寻常不过的英国青少年。其中一个学生的个人简介显示,他在脸书上有480个好友,是酷玩乐队的粉丝,喜欢看《新鲜王子妙事多》。另一个学生有546个好友,是曼联的球迷,喜欢碧昂丝,爱看美国动画《乡下人》。这些怎么也不会让人把他们和砍下受害者头颅的恐怖分子形象联系起来。

但是阿特兰对此并不感到惊讶。他曾在伊拉克和叙利亚待过很长一段时间,采访和研究了被俘虏的ISIS分子、"基地"

妄想的悖论

组织分支"努斯拉阵线"的士兵,以及向前两者发起反抗的库尔德"自由斗士"。西方国家的人大批加入 ISIS 后,最常见的揣测是他们被洗脑了。但阿特兰的研究结果显示,成为 ISIS 分子背后的动因并不像大多数人揣度的那样,实则要复杂许多。加入 ISIS 的人来自的国家提供的数据也证实了阿特兰的实地调查结果。法国给出的数据显示,80% 加入了 ISIS 的法国公民来自"无宗教信仰"的家庭。另有资料证实,即便有所谓的加入 ISIS 的人会因宗教"重生"的说法,那也是他们加入**以后**的事。

　　有可能成为 ISIS 分子的人通常是觉得自己被边缘化的人。阿特兰说,ISIS 首先利用这类人的不自信或自卑感,再在话术上反复提到年轻人心中向往的"理想主义,冒险精神,对荣光的追求,对改变的渴望"。"他们会事先花大量时间研究这些人的个人经历,然后去洗脑——现在这个人生阶段,我会有烦恼,你会有烦恼,不是因为你没得到这份工作,不是因为你把这事儿搞砸了,也不是因为你的团队输了,都不是。你知道吗,问题其实出在更大的层面上,是这个大的世界给你设下了太多阻碍,你现在经历的还只不过是冰山一角。所以,不要让这些琐碎的烦心事困住你。直接去解决令你不快乐的真正原因,不快乐的不仅仅是你,还有世界各地跟你一样,被压迫的人。"

　　这种故事和神话已经算得上是在蛊惑人心了。但是阿特兰称,这个故事与促成法国大革命这类变革的故事和神话并没有太大区别——从心理层面来说是这样。很多使时局发生天翻地

第九章 值得付出生命的事

覆的变化的运动都有赖于领导者能够讲述一个令人信服的故事，关于过去的荣光、现在的苦难、未来的辉煌的故事，要拨乱反正的故事。这些故事会利用能给追随者——尤其是那些原本心中就充满愤懑的人——造成巨大影响的因素：这些因素能促使人们去做出"牺牲"，去实现阿特兰和其他研究人员所说的"神圣的事业"。

这个所谓"神圣的事业"会让人觉得自己有了更崇高的目标感和意义感，觉得他们在将生命奉献一个比个人伟大的事情。它可以是为了"圣地"而战。但它也可以是世俗类的目标。在研究伊拉克的参战者时，阿特兰发现能不畏死亡去战斗的 ISIS 恐怖分子往往对于他们的"事业"有极高程度的热爱。阿特兰也发现那个区域里唯一能反抗 ISIS 的"库尔德工人党"对于**他们的**"事业"也有极高的热爱，这份热爱根植于他们的建国梦和身份认同。

很明显，ISIS 作为一个组织和许多已经成立的国家不可同日而语。但是研究像 ISIS 这样新成立的组织能让我们观察到从国家当中很难发现的现象——组织的建立有多么依赖神话创造和讲故事。意大利建国初期，公民们很少有人会说我们现在所知的意大利语。拿破仑·波拿巴是法国的代名词，但是他说的法语却带着浓厚的科西嘉口音，这是他的乡音。从心理层面来讲，ISIS 短暂建立的"伊斯兰国"与世界上其他更稳定的国家的差异是，它的神话能有多少人信服和接受，这些故事在控制追随者时能有多成功，这种自我欺骗又能持续多长时间。

171

妄想的悖论

我曾请教过一位语言学家，语言和方言有什么不同。他笑答："语言是拥有军队的方言。"神话也是这样。神话最初被编撰出来的时候，你可能会笑它疯狂不切实际，但若是让神话在几代人之间流传下去，有几百万人相信了，然后又在学校里把它们教授给下一代，通过歌曲和电影歌颂它们，用武器和军队捍卫它们，它们就成了国家的基石。

"并不是只有ISIS分子符合这种情况，"阿特兰说，"所有将他人性命视如草芥也不把自己的命当回事儿的人都属于这类情况。它还体现在那些愿意付出自己的生命去推动和平运动的人身上——比如圣雄甘地以及其他民权运动的倡导者。这类人会为了他们心中神圣不可侵犯的价值观念而奋斗，无论如何都不会妥协。就如同即便大量的金银财宝摆在你面前你也不会拿你的孩子或宗教信仰去交换一样——应该不会吧——你也不会为此背叛你的国家。当你有了这类不能妥协也不能用物质衡量的价值观念后，发生在遥远的过去和遥远的他方的神圣事业就会变得比当下和此地更为重要。

阿特兰的研究显示，那些对"神圣的事业"心驰神往的ISIS分子会将个体身份认同融入集体身份认同当中。"这种情况发生后，他们就会产生一种无敌的感觉，觉得自己——自己的身体——都变得伟岸起来。"

"神圣的事业"——以及支撑它们的神话和故事——让我们有了比生命更加珍视的东西。它驱使士兵在诺曼底战场上战斗至生命最后一刻，也让人在喀布尔魔怔般地将自己作为人肉炸弹引爆。当然，这两者在道德层面绝对无法相提并论。但是

第九章 值得付出生命的事

在心理层面,他们同样都愿意为了自己相信的事业付出生命。

为部落和国家献身能让人实现某种形式的永生。当我们将个体身份认同融入集体身份认同时,我们就会成为比个体更强大的存在。即便是死后,我们也依然活在每一个族人或是同胞心里。我们只需看看所有文化是如何悼念烈士的就能明白这一点。几乎所有国家都有这样类似的表达:美国总统詹姆斯·加菲尔德曾赞美烈士使"爱国主义和美德永垂不朽";在俄罗斯,每年人们都会拿着在二战中逝去的亲人的照片参加"不朽军团游行";等等。

奠基神话虽然能帮助创立组织和国家,但它也时常会引发灾难性事件。1944年,纳粹战争机器已经进退维谷。六月诺曼底登陆战后,反法西斯同盟直逼德国。美国和英国从西面进攻,苏联从东面进攻,一切迹象在都向德军军官宣告战局不利。

当军官们请求将德国最后的军事力量调配至前线时,希特勒和纳粹领导人驳回了。纳粹领导人坚持要将资源用于把所有在被侵略国家中俘虏的犹太人转至集中营。他们觉得,屠杀犹太人跟赢得战争同等重要;只有将犹太人灭绝,**才能赢得战争**。马文·佩里(Marvin Perry)和弗雷德里克·施魏策尔(Frederick M. Schweitzer)在《反犹太主义:从古至今的神话和恨》(*Antisemitism: Myth and Hate from Antiquity to the Present*)一书中谈到了希特勒对军事专家提议的否决:

173

妄想的悖论

有常识的人会留下那些在战争中有价值的人为己所用。但是希特勒的党卫军不顾高层官员和军官的抗议，将犹太工人，当中不乏有一技之长的人，都送去了集中营。即便德国的军情已经一筹莫展，党卫军依然坚持调动军事人员和火车将犹太人押往奥斯威辛的毒气室。他们会做出如此违背常识的行为，是因为他们将屠杀犹太人看作战争的首要目标，必须不惜一切代价。

"犹太人是恶魔"——是犹太人导致了德国一战后的没落，德国要想成功，就必须要将他们除去——是纳粹德国的神话基础之一。

由此可见，即便是内容再错乱失常的国家神话也能有强大的影响力。纳粹是一个极端的例子，但也只有在观察我们最厌恶的集体的时候才最容易看清神话是如何产生影响的。（我们往往很容易看清对手的妄想，却很难看清我们自己所在的集体、团队和国家有着什么样的神话基础。）纳粹的例子同时也很有教育意义，促使纳粹主义形成、使希特勒获得权力的神话，也最终摧毁了纳粹德国。

为什么都火烧眉毛了，希特勒还在执迷于那些神话？就算是手上沾满鲜血的心理变态也有能力去理性思考，去趋利避害。毫无疑问，1944年大厦将倾之时，对于纳粹德国来说将全部精力放在战事上才是明智之举。但是建国神话之所以有强大的影响力，就是因为它不会受到理性分析的影响。换言之，一个国家能够成立并屹立几年、几十年甚至几百年不倒，是因

第九章 值得付出生命的事

为它的建国故事**足够稳定**,能经受得住质疑、挑战和怀疑。当然,如果经久不衰的故事有将人们凝聚在一起的功效,它们同时也会有一种缺陷——当情况急转直下时,国家也不能顺应形势做出改变。

当纳粹德国要选择是灭绝犹太人还是放弃相信"犹太人是恶魔"的神话时,纳粹选择了前者。当然,这是因为对于他们来说,神话不是神话,而是比真金还真的事实。他们让自己和其他几百万德国人深信他们关于犹太人的那套说法是真的。国家神话之所以能帮助建立国家,是因为它们**看起来**像是亘古不变的真理——在一个处处充满不确定的世界里,这些神话是白纸黑字般分明的答案。改变或许是大势所趋,但是要稳定就意味着不能改变。

我们的心智会掉入神话、谎言和虚构故事的陷阱中,并不全是因为我们愚笨痴傻,更因为我们是脆弱的、有缺点的、容易担惊受怕的。保持理智、无所畏惧——一种从根源上终止编造神话、相信神话的办法——并不是有一个睿智的头脑就能做到的。这是一项特权。如果你衣食无忧,人身安全有保障,生活在报警后警察会立即出警的社会里,你可能就不会有要向神话、合理化和仪式寻求帮助的念头。你生病的时候不需要部落的其他族人来照顾你,因为你可以去医院,医生会为你治疗。如果你将自己看作世界的公民,觉得国境线不过是种幻象,每个国家的人民之间并没有什么不同,那你大概是没有经历过迫害,没有体验过迫切希望得族人的保护是什么滋味。有这样世

175

妄想的悖论

俗的、国际化的观念没有问题。但是，如果理性主义者对那些将部落和国家神圣化并渴望得到其庇佑的人嗤之以鼻，那就等同于玛丽·安托瓦内特问没有面包吃的农民为什么不吃蛋糕。他们不知道这个世界上大多数人过着什么样的生活。

　　当人们沉浸在神话、故事和仪式里时，他们就获得了意义感和目标感。人的一生注定会走到尽头，但集体让我们知道我们可以永垂不朽。当我们为神圣的事业做出牺牲时，我们知道我们会在阿灵顿公墓这样的地方被铭记。你可以说这些支撑起一个国家的信念是一种错觉。但是如果没有这些，我们生活的国家，我们叫作祖国的地方——我们会为她的成就感到骄傲和自豪，会因为奏响的国歌而热泪盈眶——就不会存在。

　　如果说在未来某一天，这个世界的人民不再以国家划分，那一定是因为又出现了新的故事和神话，我们想出了新的体系取代国家成为另一种真理。正如我尝试通过各种例子来佐证的那样，集体的形式——部落、国家、联盟——会不断发生变化。支撑所有这些形式的——即便这些形式不断变化，也能亘古长存的——是我们创造神话的能力，相信这些神话的能力，去为这些神话战斗和牺牲的能力。

　　我们要记住的是，民族-国家本身就是一种相对较新的概念。早在国境线、国旗和国歌出现之前，不同集体的人们也同样需要凝聚在一起去互相帮助、战胜敌人。不论是当时还是现在，都是人类想要融入更大的集体的渴望帮助我们活了下来。

第十章
宏大的妄想

因此，一定程度上来说，一本好书就是一种欺骗，是连篇的谎言，是一种把戏。它将人类最基本的伎俩玩得炉火纯青，在一样东西中寻找、发现或是强加上另一样东西，这才有了虚无中的意义、混沌中的规律、天堂中的人鱼、公主和怪物。这种欺骗本质上是自我欺骗，有意为之抑或是下意识的举动，没有它的话生命就会变成——生命原本就是——一趟糟糕无用的过程，始于性高潮，终于腐烂。

——迈克尔·夏邦

[摘自刘易斯·海德（Lewis Hyde）《骗子玩转世界》（*Trickster Makes This World*）一书的前言]

帝王谷位于高耸的金字塔形山峰库尔恩的山脚下，处在埃及两大闻名遐迩的自然奇观的交界处：帝王谷的东边是尼罗河

妄想的悖论

和三角洲，水草丰茂、生机勃勃，西边则是广袤无垠的撒哈拉沙漠，不毛之地、死亡之海。一面向生，一面向死，作为生死之间的边界，帝王谷成了法老们安息地的最佳选择。

正如希腊历史学家希罗多德所说，古埃及人"比任何民族都更为相信宗教"。这种狂热主要源自他们对来世的痴迷。古埃及人非常重视灵魂的保存，并由此衍生出一个巨大的产业，它由祭司阶层主导，涉及咒语、法术、仪式装备、秘密知识和葬礼仪式。所有埃及人都渴望永生，统治者更是如此。

几百年来，历任法老建造了大量的金字塔作为墓室。但这些金字塔在盗墓贼面前实在是不堪一击——它们就像是硕大的霓虹灯牌，上面写着："这里的金银财宝多到你想都不敢想。"于是法老们最终只得转向山谷——贫瘠、低调，又与古埃及首都卢克索毗邻——秘密地将它们的墓室建在了地下。

帝王谷的第一处墓室建于公元前16世纪。之后的五百年里，帝王谷几乎成了皇家陵园，每一任法老都拼了命地要在墓室规模和奢华程度上超过上一任。帝王谷也是拉美西斯二世最后的安息之地。这位国王执政时缔造了盛极一时的古埃及文明，被后世尊为最伟大的统治者。

拉美西斯二世常年四处征战，对外开疆拓土，消灭敌人，为自己的人民带来了令人艳羡的财富。对内，他主持建设了大量公共工程项目，规模之大是这个国家前所未见的。最重要的建筑工程当属他自己的墓室。拉美西斯二世的墓室是帝王谷中最大的：整个墓室宛如一个多层迷宫，里面至少有一百三十个房间（或许能有两百个），他五十二个儿子中有很多个跟他一

第十章 宏大的妄想

同埋葬在那里。他下葬时,房间里满是价值连城的宝物:金子、珠宝、杰出的艺术作品——几百年后盗墓贼蜂拥而至,满载而归。但同时,墓室里还堆积了大量的日用物品:一桶桶红酒和啤酒、衣服、香水、武器,甚至还有木乃伊化的食物。对于三千年后的人们来说,这些东西放在墓室里似乎有些格格不入。但是对于古埃及人来说,这是一场庄重的葬礼必备的东西。因为在他们看来,来世与现世并没有什么不同。死亡并不意味着结束,他们只是去了一个新世界而已,在那里,美酒佳肴、武器,同样必不可少。

这种转世的故事被详尽地记载在了拉美西斯二世墓室里的墙壁、陶器和泥板上——那些错综复杂、色彩鲜艳的古埃及象形字,历经几个世纪的动荡依然留存了下来。这些故事摘自古埃及人写的各类介绍人死后"卡"(*Ka*)——灵魂——会怎么样的书。其中最重要的一本是埃及人说的《来日之书》(Book of Coming Forth by Day),之后欧洲考察者称之为《亡灵书》(Book of the Dead)。这本书的部分内容被仔细地刻在拉美西斯二世墓室的墙壁上,其中包括法老该完成哪些步骤才能安全地抵达来世。它是一部指导手册,记载了该如何应对各项挑战,直到最后一步,接受女神玛阿特的审判。玛阿特会将法老的心脏放在天平上,判断他的善恶。

埃及人对来世的关心还体现在古埃及最著名的埋葬方式上——制作木乃伊。他们认为,一个人死后,他的灵魂,也就是"卡",会暂时回到他的身体中。借由拉美西斯二世的木乃伊,我们可以看出保存法老的遗体需要多么高超的技艺,也

179

妄想的悖论

容不得丝毫马虎。拉美西斯二世过世时已经是 90 多岁高龄，三千年后，他的遗体依然被保存得相当完好。他有瘦窄的脸，英俊的鹰钩鼻。他还有一些头发，在死后进行的仪式中被染成了红色，头顶的头发则被剃光，就像中世纪时的修士留的那种发型。

　　保存好自己的遗体并不是拉美西斯二世为实现永生所做的全部。他在世时也丝毫没有松懈，要让自己留在后人心中。他修建的宏伟的建筑和庙宇里通常都详细记录了他的英雄事迹和丰功伟业。他为自己建造了数不清的雕像——而且往往规模巨大。最大的几座雕像中有一座摆放在帝王谷旁边的拉美西斯二世神庙里，雕像有几千吨重，刻画的是这位统治者年轻时的形象。这座雕像的残躯在 19 世纪时被运送至英国，珀西·比希·雪莱从中获得灵感，以追求永生的徒劳为主题创作了意蕴深远的诗作《奥西曼迭斯》——这是希腊人给拉美西斯二世的名字：

>　　像座上大字在目：
>　　**吾乃万王之王是也；**
>　　盖世功业，敢叫天公折服！
>　　此外无一物，但见废墟周围
>　　寂寞平沙空莽莽
>　　伸向荒凉的四方。①

---

　　① 摘自王佐良的译本。——译者注

第十章 宏大的妄想

对来世的狂热不仅仅限于古埃及。每种宗教传统对于人死后的命运都有各自的说法。据我们所知，宗教信仰存在于每种文化和每个社会。几个世纪以来，哲学家、作家和科学家都在探究为什么宗教会存在，它又是如何能在人类社会如此盛行的。卡尔·马克思将宗教看作"人民的鸦片"。弗洛伊德曾将宗教信仰称为"一种普遍的强迫症"。理查德·道金斯和"新无神论"的支持者将宗教信仰描述为"妄想"。

上瘾、强迫症、妄想似乎意味着疾病和机能障碍。但是这几个词并不能帮助我们理解为什么几千年来宗教能对人类造成如此大的影响。一些思想家认为，宗教的普遍性和持久性证明了它的**实用性**。近几十年里，有若干研究人员提出，宗教会出现是因为它们满足了人类很多重大需求。这类观点中，其中一个有影响力的理论叫作**恐惧管理理论**（terror management theory）。这一理论的根据是，在人类大部分的历史中（以及对于今天世界上的很多人来说），世界——现实一点来看——并不令人感到快乐或是有意义，反倒令人绝望（有时还会让人感到恐慌）。或许在所有生物当中，能意识到自己终有一死的，只有人类。恐惧管理理论家们称，认识到这一点会让我们感到恐惧，失去行动力。人类尝试了各种方式来从精神上克服对死亡的恐惧，其中一些就是向超自然力量祈求帮助。

关于恐惧管理理论的蛛丝马迹可以一直追溯到19世纪上半叶。心理学家奥托·兰克将宗教信仰归因于"我们渴望永生——生物学事实却告诉我们死亡不可避免"。恐惧管理理论的基本理念通常被认为是源于1973年普利策奖获奖著作《拒

妄想的悖论

斥死亡》，作者是人类学家恩斯特·贝克尔（Ernst Becker）。贝克尔描述的对人类的看法真实得可怕，令人绝望。我们或许会认为自己是超然物外的、有灵性的、高尚的生物。当我们把重要的证书挂在墙上，或是买了豪车、穿上高定、带上珠宝时，我们是想要向世界展示我们的地位，表达我们对自己的赞许和欣赏。但事实并非如此：我们是长着肉身的生物，要靠食物和水才能活下去，我们会生病受伤，会因为衰老变得更加脆弱。我们日常生活的方方面面都像是尖锐的提示音：只要没了这口空气，没了这片面包，没了这口水，你就会走向死亡和腐烂。

社会心理学家谢尔登·所罗门（Sheldon Solomon）有一次去图书馆时意外发现了贝克尔的书。所罗门被贝克尔的观点深深吸引，成为提出恐惧管理理论的重要学者之一。用所罗门的话来说，每个人不过是一个"会呼吸、会排便的肉块"。话虽如此，我们却不能真的只把自己当作一个会呼吸、会排便的肉块。不然，我们就不会再有快乐。这不是我们参加会议、参加毕业典礼时该有的心态。那我们该怎么做呢？所罗门和他的同事杰夫·格林伯格（Jeff Greenberg）、汤姆·匹茨辛斯基（Tom Psyzczynski）认为，面对这样的事实，我们想出了故事来分散注意力、宽慰自己。我们成为管理恐惧的大师，因为如果放任不管，就会被反噬。

神经科学家拉马钱德兰（V. S. Ramachandran）大胆推测，正是因为我们能时刻意识到死亡会发生却又什么都做不了，这才有了自我欺骗。他写道，自我欺骗发展成了一种"心

第十章 宏大的妄想

理上的防卫机制……一种应对死亡恐惧的对策"。能够通过否认、幻想和自我欺骗来避免对死亡的恐惧的人——用拉马钱德兰的话来说,不会"因为持续存在的对死亡的恐惧而丧失行动力"——他们相较于那些看清现实的人来说更有进化优势。自我欺骗是有实用价值的。

我们与生俱来的对死亡的恐惧会对我们的生活造成巨大的影响,这个观点可能听起来更像是理论假设,没有经过实验的验证。但是恐惧管理理论家确实提供了大量的实验证据来支撑他们的观点。研究人员发表了超过五百篇论文来为这一理论提供经验依据。大部分实验围绕理论家们所说的**死亡提醒**(mortality salience)展开的,这一心理学术语是指人们因为任一情境而产生的死亡意识。比如说,心爱之人的离世就是具有长期影响的死亡提醒。电视剧里有人被杀害了也是一种死亡提醒,但是时间会相对较短,程度也较弱。

这类研究的结果显示,对死亡的恐惧会给人类的行为造成不同程度的影响,这种影响也不仅仅局限于宗教方面。例如,死亡提醒会使我们对于那些和我们有共同文化和政治观点的人更包容,对于提出反对意见的人则会更苛刻。在一项实验中,研究人员让两组志愿者阅读了两篇文章,他们被告知那是两位教授发表在学术期刊《政治科学季刊》(*Political Science Quarterly*)上的文章,其实并不是。第一篇文章——志愿者被告知作者热爱美国——列举了美国存在的种种缺陷,但是给出的结论是美国是一个"能自由生活的好地方"。第二篇文章——志愿者被告知作者对美国有种种不满——结论是"美国

妄想的悖论

是世界民主和自由的推动者这种观念真是虚伪至极"。虽然两组实验对象都更喜欢第一篇文章，但那些事先被唤起过死亡意识的人对第一篇文章的偏爱更加明显。在其他文化中，类似的研究也得到了相同的结果。当德国人在采访中被问到他们对车、食物和度假地的喜好时，在公墓接受采访的人们比在商店门前接受采访的人们更倾向于选择德国的产品和度假地。

有时，死亡提醒能促使人们更加遵守社会规范——不论在他们的文化中什么被认为是"好的"。所罗门认为，这是因为在受到威胁时，群体或文化的"确定性"能给人带来安慰。你的生命也许会走向终点，但是你的文化、你的群体会延续下去——会让你实现不朽。亚利桑那州的法官在审判性工作者时，如果事先被唤起了死亡意识，他们会比没被唤起死亡意识的法官给出更重的刑罚。而且，刑罚的差异相当显著：在审判行为违反了文化规范的女性性工作者时，因为死亡意识感到害怕的法官判处的刑罚是当时没有死亡意识的法官的**九倍重**。当被唤起死亡意识时，人们也会对有利于社会或是受到文化推崇的行为给予更慷慨的**奖励**。在这两种情况中，出现死亡意识的人们似乎会更加大力地践行符合文化规范的行为——他们更愿意去奖励那些文化准许的行为，去惩罚有悖于文化规范的行为。

部分关于恐惧管理的研究发现，对死亡的恐惧有时会造成意料之外的影响。收到死亡提醒后，认为自己驾驶技术精湛的以色列司机会**更加**疯狂地开车，潜水爱好者会进行更长时间更

第十章 宏大的妄想

危险的潜水活动。晒日光浴的人们了解到长时间晒太阳可能会有患癌风险后会晒更长时间的日光浴。这是什么情况？这些人在意识到人类的脆弱性后都选择了更疯狂地进行他们喜欢的活动——对于司机来说是开车，对于潜水者来说是潜水，对晒日光浴的人们来说是晒太阳。这些行为作为人们的身份认同和我们在上文中谈到的文化规范有着同样的作用——它们能使我们形成精神屏障抵御死亡带来的恐惧。讽刺的是，这些行为如果帮他们减少了对死亡的恐惧，反而会增加他们死亡的风险。对于这类研究反映的现象，我们在政策中也可以看到。例如，为了劝阻人们吸烟，有明文规定香烟盒上要有吸烟有害健康这样的警告标语。然而，一项研究发现，对于那些通过吸烟获得自尊的人来说——比如处在叛逆期觉得吸烟很酷的青少年——提醒他们吸烟会给健康造成危害，让他们更加意识到死亡不可避免这一事实，反倒**增强**了他们想要吸烟的欲望。

我们甚至能从儿童身上看到死亡意识对于文化态度的影响。在以色列的一项研究中，研究人员让一群7岁的孩子评估自己与以色列出生的儿童以及与俄罗斯出生的儿童的交友意愿。一半的孩子会事先被问及一系列与死亡有关的问题，比如："是不是每个人都会死？"这类问题使7岁的孩子们对所有小朋友的照片都表现得很冷淡，但是他们对以色列出生的儿童和俄罗斯出生的儿童的态度并没有差异。但是，当实验对象是11岁的以色列孩子时，那些事先被问了有关死亡的问题的孩子明显更喜欢以色列出生的孩子。

妄想的悖论

哲学家们也一直在思考有关死亡和濒死背景下的自我欺骗的各类问题。英国哲学家史蒂芬·凯夫（Stephen Cave）提出了"必朽悖论"（mortality paradox）的观点：我们明白我们终有一天会死，但是我们无法想象死亡是什么样子。当我们想象死亡的时候，我们既是观察者，又是被观察者——一个还活着的人去想象自己死亡是什么样子。这很难做到，于是我们大多数人会选择直接回避这个问题：印度史诗《摩诃婆罗多》说，世界上其中一个伟大的悖论就是，我们知道所有人都会死，但是我们都不相信下一个死的人会是自己。简单来说，我们的心智不是用来感知"不存在"的。西班牙哲学家米格尔·德·乌纳穆诺（Miguel de Unamuno）简明扼要地描述了这个问题："尝试用无意识去填满你的意识，你就会明白这是不可能做到的事。试图去理解它只会让你更加头疼、更加困惑。"

凯夫认为，人类为了解决"必朽悖论"问题想出了一系列自我欺骗的说法，他把这些说法叫作"永生叙事"（immortality narratives）。第一种永生叙事是长寿的故事：人们认为，有了药水或是药草、不老泉、长生不老药，或是秘籍，我们就能延年益寿，或许还能获得永生。古埃及人有不同学派的魔法咒语来抵御各种会威胁人们健康的事物。在很多宗教文本和神话中都能读到寿命远超于常人的故事。例如，《创世记》里的亚当活了930岁。《摩诃婆罗多》里的印度战士毗湿摩能自主选择自己死亡的时间。一些宗教传统，比如中国的道教，主张人可以通过修行做到长生不死。

第二种永生叙事是亚伯拉罕诸教（天启宗教）中强调的：

第十章 宏大的妄想

耶稣复活。就算你不能在你现在的肉体中永远活下去，那也没有关系。死后，你的身体会重生，你就又可以活着了。并不是只有基督教理论宣扬复活，犹太教传统和伊斯兰教传统中也都有未来某一天真正的信者将会复活的说法。

因为以上这两种叙事在逻辑和哲学上都说不通——没有人见到过长生不老的人，更没有人见过死而复生的人——于是第三种永生叙事便另辟蹊径，直接不讨论肉体了。这种叙事主张，虽然肉体是必朽的，但我们有能永久活下去的基质——我们的灵魂。佛教和印度教传统则更进一步称，人死后，我们的灵魂会轮回到新的肉体上——我们会转世。

第四种永生叙事是关于能一直活下去的办法——不是让肉体重生，不是轮回转世，也不是通过灵魂，而是从**抽象**意义上来说，存活在他人的记忆中。主要来说就是要留下痕迹，拉美西斯二世不遗余力地为自己打造雕像，就是这个道理。我们虽然不能为自己打造几千吨重的雕像，但也依然希望能因为做过的善事、因为我们的孩子被记住——以及通过会不断延续下去的群体、社会和国家实现永生。

永生叙事和恐惧管理理论其实相辅相成。正如同文化和爱国主义一样，宗教能为我们提供一道屏障，将我们对死亡的恐惧隔绝在外。大量的研究已经向我们证实了这一观点。相信来世的人在命悬一线时，对来世的信念会**更加强烈**。在对二战士兵的系列访谈中，很多从战场上生还的士兵回忆道，对死亡的恐惧让他们更加信仰上帝。

这种观点并不新鲜，人们也大都赞同。很久以前就流传着

187

妄想的悖论

人在鬼门关走了一遭后性情大变的故事。英语文化中最受欢迎的故事之———查尔斯·狄更斯的《圣诞颂歌》——讲述了吝啬鬼斯克罗吉（Scrooge）的转变，其中就有符合斯蒂芬·凯夫提出的某一种永生叙事的情节。吝啬鬼斯克罗吉之所以变成了一个慷慨大方、乐于助人的人，是因为他害怕死亡。当斯克罗吉接受了自己也终将会死这一可怕的事实时，他和心理学研究中的志愿者们做了同样的事——他想通过行善来获得社区居民的认可，希望能从他人那里获得帮助，希望他的善举能让自己被后人铭记。

斯克罗吉的故事还说明了另一件事：永生叙事不仅仅会帮助舒缓我们的恐惧。虽然经济学家认为追求个人利益才是"理性的"，但永生叙事会促使我们去牺牲个人利益，做出有利于集体和公众利益的事。这种观点正是第二大解释宗教普遍性的理论的核心。

当人类社会由一个个游猎部落不断发展壮大时，很多问题也会相继出现。在小规模的集体中，大家都相互认识。如果有人偷了你的东西，或是找了你麻烦，你以后就会躲他躲得远远的。其他人注意到后，做错事的那个人就会被惩罚，或是被大家冷落。集体规模变大后，就很难再有约定俗成的社会规范，因为人太多了大家谁也不认识谁。当去和其他的集体进行贸易往来又遇到更多的陌生人时，人们就会发现老一套已经行不通了。

还有一个问题是，在人类早期的历史中，各个集体非常奉行平等主义。并不是说当时的人们都是社会主义者，而是因为

第十章 宏大的妄想

他们没有办法积累财富。比如说,如果你杀了一头野牛,你是没有办法把肉囤起来全部自己享用的,因为没吃多久肉就会坏掉。所以,更好的做法是把肉和其他人分享,以期下次别人为了报答你的善意也会把自己多出的食物分给你。当集体慢慢变大时,这两件事就变得不一样了:首先,人们做坏事时受到的约束更少,之后也更容易逃避责罚。陌生人会欺骗你,也再没有家族长老能为你主持公道。其次,农业的发展让人们能够囤积财富,大家都逐渐开始像现代社会中的经济参与者一样。因为很少有政府会去规范人与人之间该如何相处——而且不管是什么样的政体似乎都不能有效运作,放在现代社会的标准下也不大能适用——旧秩序的崩塌就是一种征兆,很多群体中会出现问题。

集体凝聚力和团结性的缺失在资源(比如水资源和牧场资源)稀缺因而需要被合理分配和使用时,就会导致灾难性的后果。当每个人只关心自己的个人利益时,一切就会迅速土崩瓦解。而且,覆巢之下,焉有完卵,到那时,不论是富人还是穷人都会受到牵连。部分人的灭绝到最后就会演变成全部人的灭绝。

包括心理学家阿齐姆·谢里夫(Azim Shariff)在内的研究人员称,正是这些新的挑战的出现使得一种重要的**社会**创新应运而生:宗教。如果说之前是人与人的联系和部落规范让人们守望相助,那么宗教的出现就是告诉人们,如果不循规蹈矩,就会有祸事发生——现世过了还有来世,总之你是逃不掉的。谢里夫说,大量的实验表明人们对易怒的超自然的神的畏

妄想的悖论

惧能有效地约束数目庞大的群体，促使人们善待他人，遵守道德规范。谢里夫的一项研究［研究题目是《邪恶的神造就善良的人类》(Mean Gods Make Good People)］让学生们参加数学考试，监考很松懈，学生们要想作弊非常容易。考试结束后，学生们被要求就十四种特质给他们信仰的神评分，这些特质包括"宽宏大量的""仁爱的""睚眦必报的""易怒的"等等。那些相信神是易怒的、会睚眦必报的学生，其作弊行为明显更少。

这类实验以及世界各地的实地调研让谢里夫和其他研究人员提出假设，这就是为什么信奉惩罚性的神的宗教更有可能成为主要宗教。想一想亚伯拉罕诸教——犹太教、基督教和伊斯兰教——信奉的神，因为看到人类罪恶极大，耶和华就用洪水灭世，每种生物只能留下两个，没有比这更具惩罚性的神了。当社会不断发展壮大时，谢里夫所说的"大的、无所不知的惩罚性的神"就会帮助树立公民道德，制定统一的规则。这样，人们才能基于信任进行贸易往来。比如说，生活在亚洲某一端的一个穆斯林会愿意和生活在另一端的一个穆斯林做生意，并且不会担心对方会骗自己，因为他们都害怕如果不诚实，神会惩罚他们。

当然，这个理论也遭到了质疑。社会是怎样创造出易怒的神和宗教的呢？单凭这样的神能起作用还不足以说明这一点。它们最开始是怎样出现的？摆出成本－效益那一套的理性劝说是不太可能创造出每种宗教核心的神话和故事的。总不会是，早期人类一起开了个大会，然后一致认为他们需要一个新的体

第十章 宏大的妄想

系来确保各种规矩是有效力的，所以他们应该开始信仰惩罚性的神。这显然是不可能的，相反，宗教的崛起更有可能和人类很多生物特性的出现一样，经历了一系列的试错。不同群体的人们有不同的文化，一些文化有处于早期阶段的宗教。正如同更能适应环境的动物能胜过那些不能适应环境的动物一样，有宗教信仰的群体打败了没有能够保障凝聚力和团结性的机制的群体。反过来，因为一些宗教使信仰它们的群体更成功，这类成功群体信仰的宗教就被传播到了那些被征服的群体之中。

有功效的信仰——帮助人们存活下来以及获得成功的信仰——更容易被传承。比如，《圣经》告诉人们要生养众多，在地上昌盛繁茂。经过时间的检验，人们会发现这个要求是有作用的。多生孩子，群体才会壮大，才能征服那些更小、更弱的群体。有建议人们要禁欲、要节制的宗教吗？或许有。但是不难明白为什么这些宗教现在不存在了。也不难明白为什么世界上的很多宗教对于性和性行为有着严格的规范。谢里夫和其他研究人员把宗教的进化称为是一种"文化筛选"形式，与自然对生物特性的筛选相对应。

宗教信仰也能让人们有统一的道德准则——这些道德准则是宪法产生之前的宪法。无神论知识分子克里斯托弗·希钦斯（Christopher Hitchens）认同这样一种说法：如果一种行为规范，不认同的人不会遵守，那认同的人也会没有办法遵守。这种说法很有道理。但这并不意味着宗教就不能有效地让数目庞大的人群去遵循道德规范。宗教不是道德的必备条件，但宗教的普遍性恰恰说明了宗教一直以来都是一个能督促人们讲道

妄想的悖论

德、待人友善的有效体系——就如同《圣诞颂歌》里吝啬鬼斯克罗吉后来成为的样子。

在伊斯兰国家，每天都能听到五次用阿拉伯文唱念的召唤穆斯林来礼拜的宣礼词；对于穆斯林来说，唱念的宣礼词不仅仅是一场治愈仪式。在摩洛哥有过这样一项实验，先给商店店主们一小笔钱——这笔钱足够坐几次出租车——然后问这些店主是否愿意将这笔钱中的一部分或者全部捐给慈善机构。虽然店主们通常都会慷慨地同意捐赠，但是那些在实验中能听到宣礼词的背景音的店主会更愿意把钱捐给慈善机构。

加拿大进行过一项类似的测试人们慷慨程度的研究，研究中借鉴了实验经济学家所说的"独裁者博弈"（the dictator game）。实验方法是，先给人们一笔钱，然后问他们，在另一个房间坐着另一个人，你不会跟他见面，你愿意分多少钱给那个人。"独裁者"——拿到钱的人——如果事先玩了在乱序字母中找词的游戏，看到过"魂灵""神灵""神""神圣""先知"这类词的话，他们愿意分享的钱的数目是没有玩游戏的人的两倍多。不论"独裁者"是无神论者还是宗教信仰者，结果都是这样。

一直以来，宗教也被用作动员人们参军的工具。人类历史中的大部分时间，宗教在这方面极其有用。如果一个社会是围绕宗教建立的，能发起战争，那么这样的社会就有文化进化方面的优势。为宗教而战的士兵更有可能战胜敌人。第二次世界大战中德国士兵的皮带扣上会刻着"上帝与我们同在"的字样并不是毫无缘由的。从某种程度来说，这与布拉姆比卡村的防

第十章 宏大的妄想

弹仪式没有太大差别。

这些理论中最重要的见解之一与我们之前讨论的内容有关：宗教仪式扮演的角色。透过复杂痛苦的宗教仪式，我们就能理解为什么宗教属于一种社会创新。为什么宗教会要求人们将婴儿从神社上丢下来，要求人们跪着爬上石阶，又或是要求人们用钉子刺伤自己？为什么宗教经文要歌颂响应神的要求从而将自己孩子献祭了的父亲？不如，我们来想想相反的情况：如果宗教**没有**要求信徒完成极困难的事情会怎么样？如果宗教的出现促进了社会凝聚力——因为我们有着同样的信仰，而信仰又要求我们要善待他人——这就给偷奸耍滑的人提供了很多可乘之机。因为我不用真正**信教**，只要**说**我信教，就能跟信教的人享有同等的待遇。我可以什么都不用做就得了所有的好处——我可以钻空子。如果仪式要付出高昂的代价，想要不劳而获就没那么容易了。如果我仅仅是想要那点宗教关系带来的好处，我会愿意进行艰苦的朝圣或是走过烧得通红的煤炭吗？估计不会。反过来，如果你看到我愿意做这些事情，你就基本能肯定我是真的非常虔诚。换句话说，当宗教仪式越是没有意义，越是痛苦，它作为**真实性的信号**的价值就越大。

在动物王国中，这种信号的一个戏剧性的例子就是孔雀的尾巴。雄孔雀的尾巴会长满漂亮的羽毛，这会影响它们逃跑的速度，使它们更容易受到攻击。但是漂亮的尾巴就是向雌孔雀释放的**信号**——雄孔雀开屏其实就是在说："你看，我是多么强壮健康，我就算带着这么大的尾巴也依然能存活下来。"当

妄想的悖论

然，雄孔雀并没有这么想过，虔诚的信徒从燃烧的炭上走过时也没有想过自己是要向其他信徒传递真实性的信号。明白了这种机制是如何运作的反而会降低它的有效性。如果你是一只雄孔雀，你唯一想做的事——唯一一件你的大脑要告诉你去做的事——就是开屏。然后雌孔雀就会被吸引，你就有了交配的机会。你的基因——以及炫耀尾巴的习性——就会被传给下一代。同样，如果你是一个虔诚的信徒，你需要知道的全部就是你在按照神的意愿行事。你不需要知道"为什么"要做这件事。谢里夫把这叫作"功能性不透明"（functional opacity）——一个行为存在的真正原因是它成功地在一段漫长的历史中为社会带来了益处，确保了群体能够凝聚在一起生存下来，但是做出行为的人自己却一头雾水，不清楚自己进行的代价高昂的仪式是如何使自己的群体受益的。

宗教是文化进化的产物，它存在的首要目的就是给个人和群体带来功能性利益，也正因如此，宗教在世界上某些地区正**渐渐失去**影响力。随着人类社会中国家的出现、自治制度的发明，原本用于维持群体秩序和规范人们行为的惩罚性的神失去了必要性。现在，士兵们不再为了神而战，有不同宗教信仰的士兵也可以是为了同一个国家去战斗和牺牲。

很多曾基于易怒的神的宗教现在已经逐渐转化为关于慈爱的、宽宏大量的神的信仰——例如《旧约》和《新约》中的神的区别。善良的神或许不能将社群有力地凝聚在一起，不能在道德方面有较大的约束力，但是如今的很多社会已不再需要神来提供凝聚力和道德准则——有效的国家和地方司法机构完全

第十章　宏大的妄想

能够胜任培养公民自豪感、督促人们遵守道德规范的职责。随着惩罚性的神在"约束人们"方面的必要性逐渐丧失——尤其是在工业强国里——宗教更多的是通过组织食品义卖、提供儿童服务和非世俗的心理治疗来起到另一种社会功能。这些宗教依然是有用的——只是和之前的作用不一样了。

这也能解释为什么世界上有着最发达城市或州的国家也是宗教影响力衰退最快的地方，为什么在因为贫穷、不平等或社会冲突而处于水深火热之中的地方宗教较为盛行。斯堪的纳维亚人非常信任自己的政府、优良的社会服务和高效运转的州。他们的宗教信仰程度是全球最低的。

我们已经探究了宗教是如何帮助人们管理对死亡的恐惧，又是如何帮助促进社会凝聚力的。宗教还同样有益于个人的健康和幸福。北卡罗来纳大学的简·库利·弗吕维特（Jane Cooley Fruehwirth）通过分析美国青少年健康状况的追踪调查数据发现，信教的青少年似乎比不信教的青少年心理健康状况更好。这一类研究遭到了无神论者的质疑。批评者称这样的研究是相关性研究：相关性不等于因果性。比如，信教的青少年往往是出生在一个信教的家庭。如果这类家庭里的父母因为宗教规定不能离婚，会不会这些青少年心理更健康其实是因为他们有更完整的家庭呢？换句话说，会不会看起来是宗教和健康的关系实则是家庭的稳定和健康的关系呢？

要解决相关性和因果性问题最好的办法就是刻意改变实验中的一个变量然后检测这种变化一段时间后造成的影响。弗吕

妄想的悖论

维特在采访中告诉我，要想用这种方式来解决问题是不可能做到的。因为你需要随意指定一些青少年让他们信教或是不信教，然后长期跟踪记录他们的心理健康状况。之后再让一些信教的人不信教，一些不信教的人信教。这种做法明显没有可操作性，于是弗吕维特想出了另一种巧妙的办法来验证宗教和健康之间是否存在因果关系。她利用了**同群效应**（peer effects）：信教青少年的朋友很有可能也信教，正如有抑郁症的青少年的朋友很有可能也有抑郁症。这种同群效应在很多不同领域的人类活动中都能观察得到。弗吕维特利用这种效应解决了早期探索宗教和健康关系的研究存在的一些问题：相较于青少年因为父母信教而信教来说，青少年因为同学信教而变得信教这一点就随机许多——他们只是恰好成为信教青少年的同学——这样就能避免家庭背景或是其他因素造成混淆。弗吕维特发现，即使是依据这样保守的标准，因为受到同学的影响而变得更信教的青少年比那些信教朋友较少的青少年出现的心理健康问题也更少。

宗教对我们健康的影响似乎也并不仅仅限于心理健康，它也会对整体健康产生影响。对于美国各大城市讣告的多重分析显示，宗教团体成员的平均寿命比无宗教信仰的人群高出五岁，就算控制住例如性别、婚姻状况这样可能影响寿命的变量后结果也是如此。最近在艾奥瓦州得梅因进行的一项研究发现，信教人士和不信教人士的寿命差异是十岁。如果这个数据可信的话，那么在得梅因，不去教堂的危害几乎等同于吸烟。

经常参加宗教服务的人们往往有更好的社会支持网络和更

第十章 宏大的妄想

多关系亲密的朋友。他们参加的志愿活动也更多。这些都对健康和社会有益。这些研究的批评者——特别是自称"新无神论者"的人们——或许会对信教能延年益寿这种说法嗤之以鼻，会说那些不要求人们有这些虚无的信仰的非宗教类社会团体也能带来同样的益处。但是另有研究显示，社团、业余运动联盟或是其他大的社交网络并不能起到和参加宗教活动同等的作用。比如，弗吕维特发现，参加辩论队和运动队给青少年心理健康带来的好处就没有经常去教堂的好处那么大。

宗教信仰为以下观点提供了一个典型的例子：不能证明对错的信念，或是甚至是明显错误的信念有时也能产生积极的影响。我这么说绝不是要弱化宗教教条主义和宗教极端主义的危害。很多书都写了宗教妄想造成的不可挽回的代价。但是，这类书中很少有书探讨过由宗教妄想衍生出来的一连串棘手问题：要是这些错误的信念帮助人们活得更久或是改善他们和家人的关系呢？要是这些神话能帮助社群发展壮大呢？要是这些故事能使各民族团结在一起呢？要是自我欺骗使人们愿意为了他人的利益牺牲自己，从而帮助了社群、部落和国家的发展呢？

正如我在本书开篇中提到的，我相信科学、理性和逻辑的力量。但相信科学证据就意味着必须承认自我欺骗有时能在生活中起到积极的作用。这并不是说我们应该支持任何形式的自我欺骗。而是说，如果我们真的关心我们的家庭、社区和地球的福祉，我们就必须直面这个问题：我们什么时候该打击自我欺骗，什么时候又该——以及多大程度上——支持自我欺骗？

尾　声

　　　　对于人类来说，任时间一日一日地流逝是不够的；我们需要去超越、去穿越、去逃离；我们需要意义、理解和解释；我们需要见识各式各样的生活形态。我们需要希望，这才是未来的意义。

　　　　　　　　　　　　　　　　　　　　——奥利佛·萨克斯
　　　　　　　　　　《交替状态》（Altered States），发表于《纽约客》

　　你或许在网上看到过这样一张照片：一个上了年纪的美国原住民在骄傲地唱着传统民谣。他独自一人被一群白人青少年围着，那些青少年吵嚷着、大笑着，有几个似乎还做着印第安战斧的动作。一个高个子男生和那位老人面对面站着，他戴着特朗普支持者标志性的小红帽，直视着那位长者，脸上挂着自鸣得意的假笑，让人觉得很不舒服。整张照片透露着强烈的种族歧视意味。

尾 声

这张照片在社交媒体上引起了轩然大波,逐渐发酵成卡温顿高中事件。事情的经过是这样的。肯塔基州卡温顿天主教高中的学生们去到华盛顿的国家广场参加一场反堕胎游行。那位美国原住民老人——同时还是一位越战老兵——则是去参加原住民游行的。记录下该场面的一个一分钟长的视频被发布到 YouTube 上,引发了众怒。《纽约时报》称这是"种族、宗教和意识形态的大混战"。

视频浏览人数高达几百万,朱莉·欧文·齐默尔曼(Julie Irwin Zimmerman)也是其中一个。她觉得视频的内容"令人不悦"。刚点开看了几秒钟,她就觉得这是总统唐纳德·特朗普领导的美国政府的一切错误的缩影。种族歧视?明显是。欺凌?明显是。朱莉的朋友以及她社交圈里的人都和她是一样的感受:"我跟一个住在纽约的朋友聊了这件事,我们之前是室友,她说她的瑜伽老师跟她打电话说:'我们去那个肯塔基州的学校抗议去。'就好像人们对这件事普遍都是这种程度的反应。好像那位在纽约的瑜伽老师真的准备马上跳进车里然后开十个小时去校门口抗议。"

齐默尔曼自己是一位白人女性,真正令齐默尔曼重视这个视频的原因是,她的儿子就正在辛辛那提一所天主教高中读书。如果说视频里的高中生能对一位有色人种老人做出这么无礼的行为,自己的儿子或他的同学是否也会做出这种事?"我给我儿子发短信说:'你看了这个视频吗?我希望你永远都不要在公共场合做出这种事情。'"齐默尔曼说。然后齐默尔曼又跟儿子说,最让她生气的是有报道称那群青少年一直在对那位老

妄想的悖论

人喊"建墙！建墙！"。她的儿子听了她的话。但不一会儿，儿子跟她说自己从朋友那里听到了这件事的不同版本。那个版本说，网上流传的那段视频里有些地方不对。很快，一个更长的视频被发到了网上。齐默尔曼恨不得要把视频盯出个窟窿，她要向儿子证明他是错的，那群孩子就是对那位老人喊了"建墙"。但没想到的是，她发现第二版视频公开的内容比她一开始设想的要复杂得多。视频显示，一开始是一个叫"黑色希伯来人"（Black Hebrew Israelites）的宗教团体里的人有意找碴儿，对着卡温顿高中的学生们谩骂。那个原住民老人也根本不是被学生包围着孤立无援——他和一大群活动人士在一起，那些人也在对学生们进行言语攻击。这些内容都没有被拍进最开始的那个视频。另外，也根本没有人喊过"建墙"。

齐默尔曼开始觉得自己看到那个扯出一副假笑的男孩的第一反应是不是错了。"我不知道他当时是什么想法。我也不知道他是什么感受。但我觉得我在青少年的脸上看到过这种表情，就是你的脑袋里闪过各种思绪，而你只想知道：'我该怎么办？'"之前齐默尔曼眼中"威胁性的"笑容，现在看来更像是在诉说着紧张和无措。齐默尔曼不觉得这些学生一点儿错没有。有一些学生的确做出了无礼的举动。但最开始的视频也没有交代清楚前因后果。

在接受我的采访时，齐默尔曼描述了她的态度是如何转变的。她说她觉得自己做了曾教育儿子不要做的事——仅仅依据固有的偏见和有限的证据就草率地得出结论。她还没弄清楚事实就对别人横加指责。齐默尔曼是一个作家，曾在《辛辛那提

尾　声

询问报》(*Cincinnati Enquirer*)工作过。她把自己态度转变的过程写成了一篇文章投稿给《大西洋月刊》。在文章中，她承认一开始是自己太轻率了。很快，这篇"我错了"的文章被保守派媒体大规模转载。美国全国步枪协会（NRA）的发言人达娜·勒施（Dana Loesch）在推特上转发评论。保守派资深电台谈话节目主持人拉什·林堡（Rush Limbaugh）在他的节目上对此调侃了一番，而每周收听这个节目的大约有1 500万人。他们的言下之意是，自由派的支持者终于承认他们捏造了事实、急不可耐地得出种族歧视的结论，并以最大的恶意去揣测对立党派的支持者——全然不顾"对手"只是一群高中生。

而对于齐默尔曼来说，自己一下子成了政治权利的象征人物这一点也让她陷入了两难。"承认自己做错了，对方是对的，就好像亲手把把柄递到了敌人手中。"她说。一方面，她觉得她背叛了自己的阵营，把短棒递到了保守派手中，让自己支持的自由派挨了一闷棍。她觉得同阵营的人都对她侧目而视。整件事情令她感到困惑：当她草草得出结论、跟她支持自由派的朋友分享她的感受、夸大她的愤怒的时候，那种和自己阵营的人——其他自由派支持者——站在一起的满足感涌遍全身。但是当她回过头来仔细一想，去寻找与自己观点相左的证据——然后坦白整件事情的经过——却感觉像是她在背叛自己在意的人们。为什么追求真实、诚实和谦逊——这也是她一直教导儿子要养成的美德——反而让她在同伴眼里成了叛徒？

"你看到了这个视频，然后信息了解得还不充分时就得选择立场。"她说，"如果你支持自由派，你就要为那些高中生的所作所为感到愤怒。如果支持保守派，你就只能自认倒霉，因为对于一开始公布的那些内容你也无可辩驳。"但是一旦事情出现了反转，保守派就会跳出来说，他们早就知道会是这样——是自由派随意捏造歪曲了事实。齐默尔曼自己尊敬的很多自由派人士坚决不改口——他们仍然认为一切都是那群高中生的错。

"这类事件，这类非常具有标志性的事件，就像试金石一样，"齐默尔曼说，"你要么在这边，要么在那边。这就是我很不喜欢我们的政治的一点，任何事情你都不能去深究，任何事你都不能把它单纯地作为那件事本身去看待。每件事都会变成一个分叉路口，你如果没有选择跟你的同伴站在一起，那你就是背叛了他们。"

就在我采访齐默尔曼的那段时间，我还去听了美国心理科学协会（APS）在华盛顿举办的一场会议。会议上，一个专家小组谈论了阴谋论的心理成因。加州大学洛杉矶分校的心理学家珍妮弗·惠特森（Jennifer Whitson）分享了一些研究成果，我认为这正好能够解释卡温顿高中事件，以及其余无数场社交媒体引发的混战。

惠特森和她的同事亚当·加林斯基（Adam Galinsky）通过一系列实验发现，当缺乏掌控感时，人们就会试图通过一系列心理机制来弥补。研究人员在顶级期刊《科学》上发表了一篇论文，其中写道："当客观上不能获得掌控感时，人们就会转而尝试从主观上获得这种感受。"比如说，惠特森曾在实验中给志

尾 声

愿者们展示了一沓图片,这些图片中,一些清晰可辨,另一些则只是一堆乱点,就像电视机没信号时出现的雪花点。如果是清楚的图片,志愿者们当然一下可以就看清。但是,如果图片不清楚,也就是当志愿者们被剥夺了掌控感时,他们就会倾向于去想象那些乱点中隐藏的图案。当志愿者们被要求去回想事情不在自己掌控中的一次经历时,他们会更急切地用阴谋论去解释那件事——显然,这是错误的模式识别。惠特森实验中的志愿者们"看到了"幻想中的图案,齐默尔曼仅根据最开始的视频中非常有限的信息就仓促地得出了结论,保守党人仅凭齐默尔曼的那篇文章就得出了自由党歪曲事实的结论,这些都属于这一类现象。

世界上很多国家发生过与卡温顿高中事件类似的事例。人们对此感到忧心忡忡,却没有意识到很多人之所以会提出一套毫无依据的理论,甚至事实摆在面前时也不愿意放弃相信这种理论,很大程度上是受到了包括自我欺骗和群体动力学在内的心理机制的影响。齐默尔曼亲身体会到了那种紧张感。她觉得自己需要在诚实和忠诚之间做出抉择。一方面,理性脑要她寻找真相;另一方面,部落希望她忠于集体的利益。其实我们都很清楚,在面临威胁和焦虑时,大多数人会选择按照集体的意愿去行事,不是吗?

珍妮弗·惠特森的实验表明,有一种方式能减少错误的模式识别和错误的阴谋论的产生。不是要用逻辑和理性去威吓那些志愿者,或是告诉他们只有"白痴"才会相信那些虚假的说法,而是要从根源上解决问题,从**情感**入手——传授人们方法

妄想的悖论

去提升他们的自尊，帮助他们重新获得掌控感。我们越是**跳出逻辑和理性的框框**，转而去关注人们没有得到满足的潜在的情感需求，越是会发现这背后蕴含的逻辑和理性。

本书尝试揭露了我们与真相的关系中一个根本的矛盾。很多聪明人相信——几乎是像教徒那般狂热地相信——理性是至善，仅靠这一点我们就能得到我们想要的结果。作为一个如假包换的理性主义者，我比任何人都希望事实真是如此。但同时，身为理性主义者就意味着要相信证据。而证据（真是讽刺！）告诉我，在很多情况下，我们需要与自我欺骗脑和谐相处，即使——**更甚者，如果**——我们想要实现理性脑的目标。

对于任何想要消除那些渗透到我们的政治、经济和人际关系中的破坏性的妄想和自我欺骗的人来说，明智的做法是从了解以下问题入手：人们坚持错误的信念给他们带来了什么**心理上的益处**？这些信念解决了什么潜在需求？还有其他方式能解决这些需求吗？如果有的话，满足了那些需求或许就能有效地解决妄想和自我欺骗问题。摆出证据和数据来反对那些根深蒂固的错误信念很重要，但通常没什么作用。很多人之所以抱有错误的信念，不是因为他们喜欢谎言，也不是因为他们愚昧无知——虽然传统观点或许会这么认为——而是因为这些错误的信念能以某种方式让他们振作精神。或许是这些妄想带给了他们安慰，帮他们减轻了焦虑，缓解了不安。又或许是这些妄想使他们获得了集体的认可。当一个国家能正常运作，能为人民提供基础设施、法律服务和公共安全服务时，当市场经济能为

尾 声

人民提供消费品、创业机会和就业机会时,人们对易怒的全知神的信仰就会自然而然地消失。同样,要根除自我欺骗,就要问人们缺少什么,思考我们怎样能够弥补那些缺失。

在这个过程中,我们也许会发现,我们想要去相信一些神话,甚至是主动去创造一些神话。就在当下,在 21 世纪之初,地球正处在一个至关重要的分岔路口。因为人类,一场环境危机一触即发。对于那些否认气候变化的人,很多科学家和科学知识推广者的套板反应是去鄙视那些"否认者",去把证据甩在他们面前,告诉他们"97% 的科学家认同"人类是气候变化的始作俑者。但是这是理性脑的沟通方式,不适用于自我欺骗脑。这样的论据"有道理",但是起不了作用。为了达到效果,就必须要与自我欺骗脑的算法**合作**,而不是无视它们。

有没有这样一种力量,它能塑造这世界上几十亿人的生活方式,不论他们是住在天涯还是海角,不论他们是贫穷还是富裕?有没有这样一种力量,它能驱使几百万人舍弃小我,去为了更大的目标而奋斗?有没有可能,有这样一种**信念体系**,它能让人们将集体利益置于个人利益之上——保护地球不再是经过成本-效益公式得出的结果,而是一种神圣的事业?有没有可能,宗教信仰能帮助我们克服人类历史上集体行为导致的最令人震惊的困境?

新无神论者或许会告诉你,宗教无论如何都不会成为气候危机的解决方式。但是作为一名实用主义者,我想说我们应该少去纠结什么是对的,多去关注什么有助于提升我们的福祉。管他是太阳神、湿婆神还是亚伯拉罕的预言,在不违背人类社

妄想的悖论

会的基本道德和伦理的前提下，只要这些能让人们停止破坏我们唯一的地球，那我们就去相信。(在《隐藏的大脑》第一百期节目中，我采访了诺贝尔奖获得者、经济学家丹尼尔·卡尼曼。他告诉我："对于我来说，如果你能让有影响力的福音传教士、布道者认同全球变暖这一观念然后去广而告之，那将会是里程碑式的成就。事情就会发生转变。这是摆出再多证据也做不到的。这一点，我认为，是再清楚不过的事实。")

气候变化恰好就属于宗教所要解决的那一类挑战：你要如何让一大群人——其中大多数互相不认识，所有人都一门心思谋取自己的利益——去为了公共利益而合作？一些宗教人士可能会对于用宗教来解决实际问题这一点感到不悦。但是我觉得他们之中更多人会乐意听到这种观点：宗教信仰是振奋人心的、有用的，而不是教条主义的、无知的。

回想一下你上一次因为读到一本动人的小说或是一则故事潸然泪下的经历。当你读完最后一章合上书的时候，你有没有因为自己为了虚构的人物和故事流泪而质疑自己太荒唐可笑？你有没有看完一部电影后因为自己为了虚构的事件流露出真情实感而觉得自己被骗了？肯定没有。当我读完一本好书或是看完一部精彩的电影从影院出来后，我常常会觉得真实的世界反倒没有书中或影片中的世界真实。如果你问我，小说里的人物或电影里的事件是不是假的，我会毫不犹豫地回答，是的。但同时，我不用停下来思索一番就能立即知道，那些书和电影带给我的感受是震撼的、打动人心的——**并且是真实的**。安

尾　声

娜·卡列尼娜、丹妮莉丝·坦格利安，还有那位在大海中捕鱼最后只带回一副鱼骨架的老人，他们从来不曾存在过，但是当我在读和看他们的故事时，我的感受**是真实的**。这些故事让我想到我的希望和恐惧，让我能从一种新的视角来看待事物。它们让我意识到我也许也会做出非常可怕的事情，我也同样有可能做出一番伟大的事迹。

为什么宗教文本就不会像小说和电影一样呢？你或许不相信耶稣真的被钉在了十字架上然后又复活了，也不相信穆罕默德听到了上帝的话，或是印度神猴哈奴曼真的能举起一座山。但为什么不相信就等同于这些故事不能带给你启发，不能让你成为一个更好的人呢？那些不断同别人争论宗教的说法是否真实的宗教极端主义者告诉我们，唯一一种从故事中获得价值的做法就是完完全全地相信这些故事，否则这些故事就没有价值，因为它们不能被证明是真实的。但是如果这些故事能使人产生共鸣、受到影响，它们是不是真的又有什么要紧的呢？为什么要如此关注这些故事的真实和虚假，**而不是它们能为我们带来什么**？

剑桥大学已故科学哲学家彼得·利普顿（Peter Lipton）曾自称是"信教的无神论者"。本书重复提到的他的一个主要观点——故事、隐喻和符号是大脑运作的中心——对于我们的幸福至关重要。利普顿告诉我，他**既是**一个如假包换的理性主义者，**又是**一个信仰宗教的人。他说他之所以能将这两个看似矛盾的身份融汇在一起，是因为他将宗教文本看作和小说以及诗歌一样的事物。"周六的早上我会去教堂祈祷，我会说祷告词，我会和上帝沟通，但是我不相信上帝的存在。我在说祷告词的

207

妄想的悖论

时候,我觉得是在与上帝对话。即使我按照字面意思理解祷告词,它也有意义,因为它表达了我的情感。我站在那儿说着我的祖先们曾说过的祷告词,带着感情和意图,那些话很打动我。我想说,这就足够了。"

致　谢

尚卡尔·韦丹塔姆

2015年我开始做《隐藏的大脑》这档播客节目，因为当时对播客还并不是十分了解，我做了各种各样的尝试，权当是学习了。其中很多次尝试的结果并不理想，也就很快被抛弃了。一些则经受住了考验，一直被沿用到现在。在我最好的一些设计中，有一个叫作"无名英雄"（Unsung Hero）的环节。这是在每一集播客最后进行的简短的致谢，好让听众们也能了解幕后的工作人员，以及那些工作成果没有直观地体现出来的工作人员。（举个例子，如果为你的房子粉刷油漆的人是"有名英雄"——他或她的工作成果非常显而易见——那设计了梯子供粉刷匠使用的人就是"无名英雄"。）主持《隐藏的大脑》播客以及写这本书的经历让我意识到，只要你留心，你就会发现这样的"无名英雄"无处不在。

这本书能够成形，得益于许多有名英雄和无名英雄的帮助。比尔和我希望能在此向我们睿智、内敛、风趣的编辑，马特·韦兰（Matt Weiland），表示感谢——他是足球流氓的时候除外。从我们和马特签订合约开始合作的那一刻起，我们

妄想的悖论

就知道我们选对了人。（马特则很快意识到自己上了贼船，但是后悔已经来不及了。）一路以来，他帮我们解答了各种各样的疑惑，把我们从错误的路上拉回来，帮我们打消顾虑，使我们能一直充满希望，保持乐观。换句话说，早在我们开始动笔前，他就已经把握了这本书的中心思想。我也无比感激我的文学经纪人，任职于斯特林·洛德文学代理公司（Sterling Lord Literistic）的劳丽·利斯（Laurie Liss）。我珍视她在所有文学问题上给出的良言——等等，当我没说。我珍视她在**一切**问题上给出的建议。比尔希望能向他的经纪人，任职于罗斯·尹文学代理公司（Ross Yoon Agency）的盖尔·罗斯（Gail Ross），表示同样诚挚的谢意，他是独一无二、不可替代的经纪人。

我还要向数百名研究人员表示感谢，因为他们提出的见解、他们的谈话、他们的故事，才有了现在这本书，我从他们那里获得的帮助实在难以计数。本书中提到的很多学者都允许我进行详尽的采访，这才有了《隐藏的大脑》播客上的内容、NPR上其他的报道，以及我在《华盛顿邮报》担任记者和专栏作家时写的文章。这些研究人员包括：丹·艾瑞里、艾米莉·奥格登、特德·卡普特丘克、布鲁斯·莫斯利、德布·普罗希特、巴巴·希夫、阿梅里卡斯·里德、伊恩·麦吉尔克里斯特、约翰·戴顿（John Deighton，就是他关于诱惑力在市场中的作用的论文让我了解到了"爱之堂"的故事）、尼古拉斯·霍布森、斯科特·阿特兰、安妮特·戈登-里德、安德烈斯·雷森德斯、谢尔登·所罗门、杰夫·格林伯格、汤姆·匹茨辛斯基、史蒂芬·科夫、阿齐姆·谢里夫和

致　谢

丹尼尔·卡尼曼。还有一些研究人员，他们的观点给了我启发，包括：凯琳·奥康纳（Cailin O'Connor）、塔莉·沙罗特（Tali Sharot）、森德希尔·穆莱纳桑（Sendhil Mullainathan）、乔纳·伯杰（Jonah Berger）、塞思·史蒂芬斯-戴维多威茨（Seth Stephens-Davidowitz）、凯特·达林（Kate Darling）、克莱·劳特利奇（Clay Routledge）、莱拉·博罗迪茨基（Lera Boroditsky）、保罗·罗津（Paul Rozin）、安迪·图赫尔（Andy Tucher）、亚当·加林斯基、弗朗切丝卡·吉诺（Francesca Gino）、珍妮弗·博松（Jennifer Bosson）、艾米莉·奥格登和阿斯比约恩·赫罗比贾特森（Asbjørn Hróbjartsson）。得益于很多个人叙述，本书中的科学概念变得更加通俗易懂，但讲述这些故事需要意愿和勇气。比尔和我希望向约瑟夫·恩里克斯表示诚挚的谢意，他的故事改变了我们对很多基础问题的看法。我们还要感谢肯·布兰查德、塔特·钱伯斯、唐·劳里、杰里·希克、利特尔·肯尼思·雷克斯罗特（Lt. Kenneth Rexroth）、皮特·特罗克塞尔和霍普·特罗克塞尔夫妇、琳达·博纳诺（Linda Buonnano）、朱莉·欧文·齐默尔曼、贝莉亚·德保罗、豪尔赫·特雷维诺、艾米莉·巴尔塞蒂斯、希拉里·福罗曼（Hilary Frooman），以及唐·劳里的儿子，托尔·劳里（Tor Lowry）和里科·劳里（Rico Lowry）。

我在NPR、《华盛顿邮报》和《费城询问报》一起共事的同事们也给了我很大帮助，他们影响了我对本书主题的思考，要是把他们的名字一一列举出来，名单能有这本书那么厚。

妄想的悖论

[《隐藏的大脑》播客的听众以及《华盛顿邮报》"人类行为专栏"（Department of Human Behavior）的读者们在读本书的时候一定会觉得有些内容非常熟悉。]我非常感谢 NPR，在几年时间里，对我来说它就像是家一样温暖的存在。在我的各位同事中，我想特别感谢塔拉·博伊尔（Tara Boyle），感谢她作为记者的直觉、战略眼光和高情商。塔拉几乎比任何人都更能洞察我的隐藏脑。我对她的欣赏无以言表。同时，我要深深感谢卡拉·麦吉尔克－阿利森（Kara McGuirk-Allison），她帮我开发了《隐藏的大脑》播客，在播客还默默无闻时她就是忠实的粉丝和伙伴。我还要感谢帮助我将播客变得日益壮大的记者们——如果你经常收听我们的节目，你应该对这些名字非常熟悉：珍妮·施密特（Jenny Schmidt）；莱娜·科恩（Rhaina Cohen），她帮助制作的有关安慰剂效应和恐惧管理理论的几期节目为本书"疗愈的剧院"和"宏大的妄想"这两章内容提供了大量信息；帕尔特·沙阿（Parth Shah）；托马斯·卢（Thomas Lu）和劳拉·奎莱尔（Laura Kwerel），他们制作了阿齐姆·谢里夫和哲学家史蒂芬·科夫出演的那几期节目，这两位嘉宾的观点在本书"宏大的妄想"一章中起到了重要作用。我还要向詹娜·韦斯－伯曼（Jenna Weiss-Berman）、玛吉·彭曼（Maggie Penman）、麦克斯·内斯特拉克（Max Nesterak），以及我之前在"秒表科学"（Stopwatch Science）的临时搭档丹·平克（Dan Pink）表示郑重的感谢。这几位是我遇到过的最好的同事，也是我遇到过的最聪明、最友善的人——我对他们的感谢远远不是致谢里的这几句话可以表达的，我每天都为能够遇见

致　谢

他们而心怀感激。另外,我要感谢伊拉·格拉斯(Ira Glass)帮我在《美国生活》上讲述了"爱之堂"的故事,他有着天才般的才能却从不自满。制作人斯蒂芬妮·傅(Stephanie Foo),精明强干,绝对称得上是这本书最大的无名英雄——如果没有她,就不会有每个故事最初在播客上讲述的版本。《早间新闻》的主持人史蒂夫·英斯基普(Steve Inskeep)、戴维·格林(David Green)、蕾切尔·马丁(Rachel Martin)和诺埃尔·金(Noel King)在我每次上节目时都会诚挚地欢迎我,他们的精准提问和幽默回应让我能更好地将各种有趣的观点介绍给大家。(尤其要感谢史蒂夫,因为他的帮忙开发,最后才有了《隐藏的大脑》播客;我将永远对他展现出的同事情谊和慷慨充满感激。)阿妮娅·格伦德曼(Anya Grundmann)、琳内特·克莱梅森(Lynette Clemetson)、马德胡丽卡·西卡(Madhulika Sikka)、安妮·古登考夫(Anne Gudenkauf),这几位记者和经纪人共同组成了坚不可摧的四边形战士——多年来在《隐藏的大脑》的节目创作中发挥了重要的影响力。在NPR、《华盛顿邮报》和《费城询问报》,还有很多人为我提供了时间和空间来探索不同的观点,这才有了这本书。我要对这些人表示感谢(这份名单远远不足以包含所有我要感谢的人):亚当·齐斯曼(Adam Zissman)、亚尔·莫恩(Jarl Mohn)、约翰·兰辛(John Lansing)、洛伦·梅厄(Loren Mayor)、金赛·威尔逊(Kinsey Wilson)、尼尔·卡鲁思(Neal Carruth)、史蒂夫·纳尔逊(Steve Nelson)、肯尼娅·杨(Kenya Young)、特蕾西·瓦尔(Tracy Wahl)、卡拉·塔洛(Cara Tallo)、

妄想的悖论

多蒂·布朗（Dotty Brown）、尼尔斯·布鲁塞柳斯（Nils Bruzelius）、史蒂夫·霍尔梅斯（Steve Holmes）、罗伯·斯坦（Rob Stein）、德米安·佩里（Demian Perry）、伊莎贝尔·拉腊（Isabel Lara）、布赖恩·莫菲特（Bryan Moffett）、布雷特·罗宾逊（Brett Robinson）、塔尼娅·布卢（Tanya Blue）、艾琳·塞尔斯（Erin Sells）、卡米尔·斯迈利（Camille Smiley）、杰玛·胡利（Gemma Hooley）、梅格·戈德思韦特（Meg Goldthwaite）、迈克尔·卢茨基（Michael Lutzky）、亚当·科尔（Adam Cole）、保罗·哈加（Paul Haaga）、卡米拉·史密斯（Camilla Smith）和霍华德·伍尔纳（Howard Woolner）。我将永远感激保罗·金斯伯格（Paul Ginsburg），他是第一个建议我做播客的人。正如我在节目上说过的，他在我身上看到了我自己都没能发现的特质——这是一个人能送给另一个人的最好的礼物。

有这样一句老话：每个播客主持人兼作家背后都是一个精疲力竭的家庭。我想对伽娅特丽（Gayatri）和维什（Vish）说，你们就是海明威所说的有勇气的人的典范——重压之下依然保持优雅。我想对我的母亲瓦特萨拉（Vatsala）说，这本书是献给您的，谢谢您。我的女儿，安雅（Anya），让我感受到了书中的埃及王的自豪和喜悦——她是我知道的最善良、最思虑周全、最有同情心的人。我真希望能成为像她一样的人。我的妻子，阿什维尼（Ashwini），让我做的所有事成为可能——我非常感激于她的坚毅、聪慧、细心和开明。

注 释

引言

1989年，在唐·劳里接受审判期间，很多报纸和杂志报道了"爱之堂"一案，几家主要电视网络还做了专题节目。这些新闻对于实际情况的报道，要么有所夸大，要么有所篡改，或者一句真话都没有。（不难料到，当时大部分的媒体将注意力集中在了案件中粗俗艳情的部分，但是正如负责该案件的首席检察官塔特·钱伯斯在庭审时所说："性只是推销的一环，就像煎牛排时的滋滋声。"）写这本书时，我们参考了法庭文件和案件中对关键人物的采访，包括对检察官、"爱之堂"会员，以及劳里本人的采访。我们也谨慎地参考了劳里晚年自费出版的一本回忆录。回忆录中的观点一边倒，很难谈得上是一本纪实作品。[劳里在书中某处提到，电视剧《贝弗利山人》(*The Bevery Hillbillies*)盗用了他给某个电视试播节目写的剧本，那个剧本他早就给了《阴阳魔界》(*Twilight Zone*)的制片人罗德·塞林（Rod Serling）。] 回忆录的题目是《幕后主使》(*Mastermind*)，主要抒发了一番作者的个人观点。抛开书中报道上的错误和作者的极度自恋不谈，这本书不失为一本记叙了美国历史上最离奇诈骗案的有趣读物。

西格蒙德·弗洛伊德有关罗马城的隐喻摘自《文明及其不满》一书。这本书很值得一读，可以被看作一份历史文献，能从中了解到专家们对于心智的运作机制的理解是如何不断变化的。弗洛伊德在书中

妄想的悖论

提出的个别理论则相对没有那么有价值——其中很多被推翻了。（我和比尔作为对弗洛伊德理论存疑的科学记者却使用了弗洛伊德的隐喻，这种行为真是太弗洛伊德了。）

唐纳德·霍夫曼在《违背现实之例：进化蒙蔽双眼之谜》（*The Case Against Reality: Why Evolution Hid the Truth from Our Eyes*）一书中探讨了为何我们的心智生来就会将"拟合度"（fitness）置于事实之上——它探讨了我们如何以能将我们的生存和繁衍概率最大化的方式，而并非将事实和准确性最大化的方式处理各项事务以及看待这个世界。

在一百码的场地上演示地球上生命的进程的类比取自亚当·科尔（Adam Cole）在 NPR 报道的一个故事——《在橄榄球场上观看地球的演化历史》（*Watch Earth's History Play Out on a Football Field*）。我们强烈推荐各位读者去看一看——这个故事每次都能让我们重新思考我们在天地之间的位置。

对理查德·道金斯观点的引用没有展现出他对进化生物学领域各种流行观点的巨大影响力。讽刺的是，我们其实是在以理查德·道金斯本人的立场来挑战他的观点：在《上帝的错觉》等书中捍卫理性、批判自我欺骗的力量时，道金斯似乎就已经低估了他自己一直支持的观念的力量。如果你真的认为人类的存在是自然选择的结果，那就也应该认同人类大脑中产生自我欺骗的部位（以及产生逻辑的部位）也是自然选择的结果。这样看来，我们的妄想能力或许不是一个缺陷，而是一个特性。

第一章

哈维·萨克斯的文章《每个人都必须撒谎》最早于 1975 年发表在学术著作《语言的使用维度》（*The Dimensions of Language Use*）中。对于文章中揭露的真相，大家一开始都纷纷否认（仅有少数人承

注 释

认自己是经常撒谎的人）；但后来，大家发觉这是再明显不过的事实，明显到都不能被算作被揭露的真相。罗伯特·费尔德曼的欺骗实验的相关内容摘自他的书《撒谎者：撒谎的真相》（Liar: The Truth About Lying），这是一本非常有趣的读物。对于想要进一步了解自我欺骗的进化起源的人来说，罗伯特·特里弗斯（Robert Trivers）的书《愚昧者的愚昧》（The Folly of Fools）是必不可少的延伸读物，同样值得一读的还有阿吉特·瓦尔基（Ajit Varki）和丹尼·布劳尔（Danny Brower）的《否认》（Denial）。

本书中提及的心理学家贝莉亚·德保罗及其同事的关于撒谎的研究可以在论文《日常生活中的谎言》（Lying in Everyday Life）中读到。关于粗鲁的研究，以及论文《被粗鲁对待是如何影响你的表现的》（How Incivility Hijacks Performance），是由克里斯蒂娜·波拉特（Christine Porath）、特雷弗·福克（Trevor Foulk）和阿米尔·埃雷兹（Amir Erez）完成的。关于这些研究的更多细节，以及书中援引的各项研究的细节内容都可以在参考文献中找到。

如果你没有看过书中提到的喜剧小品《基和皮尔》以及短剧《愤怒的翻译》（Anger Translator），可以在 YouTube 上找来看看。在网上也能搜到 2015 年白宫记者晚宴上基根－迈克尔·基和奥巴马总统的表演片段。

第二章

如果你对说谎心理学感兴趣，请一定要了解一下丹·艾瑞里的研究。[也不要错过《隐藏的大脑》播客中关于他的研究的一期节目——《撒谎者，撒谎者》（Liar, Liar）。]艾瑞里长期致力于研究人类欺骗和自我欺骗的能力，能够将严谨的科学方法和对人性的深刻认识结合起来。我们还参考了一系列关于乐观的研究，其中大部分可以在参考文献中找到。

妄想的悖论

康德关于欺骗的观点参考了哲学家、康德研究专家海尔加·瓦登（Helga Varden）的论文《康德和向门口的凶手撒谎》（Kant and Lying to the Murderer at the Door）。关于父母的谎言的内容则主要是依据盖尔·海曼（Gail D. Heyman）、迪姆·刘（Diem H. Luu）和李康（Kang Lee）的论文《撒谎式教养》（Parenting by Lying），以及佩内洛普·布朗（Penelope Brown）的论文《每个策尔塔尔人都必须撒谎》。有大量的研究探究过乐观对健康的积极影响，作为延伸阅读材料，在此推荐论文《乐观主义和悲观主义：三十年间医疗患者的存活率》（Optimists vs Pessimists: Survival Rate Among Medical Patients Over a 30-Year Period），这篇论文由梅奥医学中心的丸田俊彦（Toshihiko Maruta）、罗伯特·科利根（Robert Colligan）、迈克尔·马林乔克（Michael Malinchoc）和肯尼思·奥弗德（Kenneth Offord）合作完成。他们在20世纪60年代至90年代间追踪调查了839名患者，发现："悲观的解释风格……与死亡率有极大的关联。"《痴呆患者看护中安慰性的杜撰》（The Comforting Fictions of Dementia Care）是发表在《纽约客》上的一篇非常优秀的文章，作者是拉里萨·麦克法夸尔（Larissa MacFarquhar），文中探讨了医疗专家在治疗年老体弱患者的过程中越来越多应用到善意的谎言的现象。给皮特·特洛克塞尔一家带来巨变的阿片危机的故事可以在《隐藏的大脑》播客《灵丹妙药》（Lazarus Drug）这期节目中收听到。

第三章

弗朗兹·麦斯麦的故事参考了当时本杰明·富兰克林和其他调查委员们写的关于麦斯麦的原始报告。另外，我们还参考了托马斯·萨斯（Thomas Szasz）的《心理治疗的神话》（The Myth of Psychotherapy）、克里斯托弗·特纳（Christopher Turner）在《内阁》（Cabinet）杂志上发表的《麦斯麦热潮还是磁通神话》

注　释

（Mesmeromania, or, the Tale of the Tub），以及克劳德-安妮·洛佩斯（Claude-Anne Lopez）在《耶鲁生物学与医学杂志》（*Yale Journal of Biology and Medicine*）上发表的论文《富兰克林和麦斯麦：一场交锋》（Franklin and Mesmer: An Encounter）。弗吉尼亚大学学者艾米莉·奥格登（Emily Ogden）在《轻信》（*Credulity*）一书中对于弗朗兹·麦斯麦事件有趣的讲解也给我们带来了启发。

马克·贝斯特（Mark Best）的文章《评价麦斯麦主义，巴黎，1784》（Evaluating Mesmerism, Paris, 1784）就麦斯麦事件提出了一些关于安慰剂的现代观点，非常具有启发性。近几年，安慰剂也是《纽约时报》和其他主流杂志中很多文章的选题。我们在参考文献中列出了其中一些。

有关特德·卡普特丘克的安慰剂效应研究、布鲁斯·莫斯利的安慰手术实验，以及艾米莉·奥格登对麦斯麦的兴与衰的评论的更多细节，可以在《隐藏的大脑》播客《世界就是一个舞台——包括手术室》（All the Word's a Stage—Including the Doctor's Office）这期节目里收听到。

第四章

佩恩和特勒的《胡话》节目中的"名牌矿泉水"片段可以在YouTube上找到。本章内容参考了巴巴·希夫、丹·艾瑞里及其同事的大量研究，其中包括《营销活动的安慰剂效应：顾客买到的产品或许的确物有所值》（Placebo Effects of Marketing Actions: Consumers May Get What They Pay for）和《营销活动可以调节愉悦感的神经表征》（Marketing Actions Can Modulate Neural Representations），第二篇论文记录了监测人们喝酒时大脑如何体验到愉悦感的实验过程。有关巴巴·希夫的内容可以在《隐藏的大脑》播客《赝品》（Forgery）和《大脑是如何辨别真假的：从精美艺术到高等红酒》（How the

妄想的悖论

Brain Tells Real from Fake: From Fine Art to Fine Wine）这两期节目中收听到。尚卡尔在为《华盛顿邮报》撰写的文章中也数次提到了他。

记者吉恩·温加藤（Gene Weingarten）在《华盛顿邮报》的一则报道中用美妙的文字描述了约夏·贝尔那场假扮成路人的街头演奏，题目是《早餐前的珍珠》（Pearls Before Breakfast）。阿梅里卡斯·里德的相关内容可以在《隐藏的大脑》播客《我买故我在：品牌是如何成为我们身份的一部分的》（I Buy, Therefore I Am: How Brands Become Part of Who We Are）这期节目中收听到。

第五章

约瑟夫的故事是通过跨越几年时间的数次详尽采访了解到的，既有电话采访也有当面访谈。尚卡尔讲述的第一个关于约瑟夫的故事《赫塞的女孩》在《美国生活》播客上播出时的名称是《心之所向》（The Heart Wants What It Wants），现在在该播客的网站上也可以收听。其他版本在《隐藏的大脑》播客上播出过，包括《孤独的心》（Lonely Hearts）这期节目也讲到过约瑟夫的故事。在所有的播客节目中，约瑟夫都要求用他的中间名赫塞来指代他。在本书中，他慷慨地允许我们使用他的姓和名。

我们是从大量的研究中了解到积极错觉的相关内容的，其中包括心理学家劳伦·阿洛伊和琳恩·阿布拉姆森的研究工作，以及心理学家谢利·泰勒的书《积极错觉》（Positive Illusions）、她和同事乔纳森·布朗共同发表的学术论文《错觉和幸福感》（Illusion and Well-Being）。

丹·马龙（Dan Marom）、艾丽西亚·罗布（Alicia Robb）和奥莉·萨德（Orly Sade）的论文《众筹中的性别动力学》（Gender Dynamics in the Crowdfunding）提供了一个特别的视角来帮助我们了

注　释

解自我欺骗能给成功筹资带来哪些益处。他们的研究在NPR《早间新闻》节目中《隐藏的大脑》的故事里可以收听到。

如果你还没有看过埃罗尔·莫里斯的经典纪录片《天堂之门》，请一定要去看一看。这是一部非常伟大的电影，展现了人类对陪伴和爱的需求。

第六章

除了那篇发表在《纽约时报》上的评论文章《为什么你会和错的人结婚》（Why You Will Mary the Wrong Person），阿兰·德波顿还在很多场合发表过"降低你的期望值"是婚姻和睦的秘诀的观点，其中很多可以在YouTube上找到视频观看。我们还参考了大量的学术研究，其中包括《积极错觉的益处：亲密关系中满足感的建立和理想化》（The Benefits of Positive Illusions: Idealization and the Construction of Satisfaction in Close Relationship）、《不关心与满足：对伴侣关系的承诺和对替代人选的关注》（Inattentive and Contented: Relationship Commitment and Attention to Alternatives）、《对自我和伴侣外表吸引力的感知和元感知》（Perception and Meta-Perception of Self and Partner Physical Attractiveness）、《魔镜、魔镜告诉我：自我认识的提升》（Mirror, Mirror on the Wall: Enhancement in Self-Recognition）。蒙特克莱尔州立大学进行的监控内侧前额皮层在自我欺骗中的作用的实验可以在论文《评估自我增强偏差的神经相关性》（Assessing the Neural Correlates of Self-Enhancement Bias）中读到。

杰罗姆·布鲁纳最开始是在论文《知觉中作为组织要素的价值和需求》（Value and Needs as Organizing Factors in Perception）中描述了那场论证了穷孩子和富孩子愿望视觉的影响力的实验，这是他和塞西尔·古德曼（Cecile Goodman）共同撰写的论文，于1947年发表。我们还参考了艾米莉·巴尔塞蒂斯的大量论文和实验，这些实验通常

妄想的悖论

是她和大卫·邓宁共同完成的。近些年来,《隐藏的大脑》播客,以及尚卡尔在 2010 年出版的同名著作探讨了欺骗和自我欺骗的方方面面(因为例子太多就不在此逐一列举了)。

《生活科学》(*Live Science*)杂志上发表的文章《法蒂玛的女士和太阳神迹》(The Lady of Fátima and the Miracle of the Sun)清楚地总结了"太阳神迹"中的各种科学理论,这篇文章的作者是本杰明·拉德福(Benjamin Radford),他是《怀疑论调查者》(*Skeptical Inquirer*)杂志的副主编。威廉·穆勒的故事主要参考了路易斯·卡普兰(Louis Kaplan)的书《灵异相片摄影师威廉·穆勒奇案》(*The Strange Case of William Mumler, Spirit Photographer*)。

第七章

利昂·费斯汀格的《当预言失败时》是一部经典著作,不仅因为其重要性——它确立了认知失调理论——还因为它记录下了那段诡异的历史。2011 年,《芝加哥》(*Chicago*)杂志刊登了一篇精彩的文章,重述了《当预言失败时》中描述的事件,文章名是《奥克帕克的启示:多萝西·马丁,预测了世界末日的芝加哥人,催生了认知失调理论的诞生》(Apocalypse Oak Park: Dorothy Martin, the Chicagoan Who Predicted the End of the World, and Inspired the Theory of Cognitive Dissonance)。"爱之堂"的审判细节来自法庭记录和检察官、辩护律师、执法人员、前"爱之堂"会员以及唐·劳里的采访内容。

我们默认本书的大部分读者对认知失调理论已经有一定程度的了解,因此特意没有对相关概念再进行赘述。但是如果各位读者想有进一步的了解,我们推荐大家阅读心理学家卡罗尔·塔夫里斯(Carol Tavris)和艾略特·阿伦森(Elliot Aronson)合著的《错不在我》[*Mistakes Were Made (But Not by me)*]。

注 释

第八章

我们主要通过各类媒体报道和人权报告了解到布拉姆比卡村的情形——以及刚果的大体状况——但是故事更细节的部分主要参考了经济学家内森·纳恩和劳尔·桑切斯·德拉谢拉的论文《为什么错了可以是对的：神奇战争技术和错误信念的持续存在》(Why Being Wrong Can be Right: Magical Warfare Technologies and the Persistence of False Beliefs)。《纽约时报》文章《最不传统的武器》(The Most Unconventional Weapon)介绍了现代非洲各类防弹仪式以及神奇的信仰对即将参战的士兵们的影响。戴安娜·普雷斯顿（Diana Preston）的著作《义和团运动》(The Boxer Rebellion)以西方视角解说了这段历史。历史学家周锡瑞的著作《义和团运动的起源》更详尽地介绍了该段历史。马克·吐温的《致坐在黑暗中的人》讲述了西方帝国主义的不公和伪善，即使你本身对义和团运动并不感兴趣，这篇文章也非常值得一读。

赤贫者在仪式上的花销的数据引自诺贝尔奖获得者、经济学家阿比吉特·班纳吉和埃丝特·迪弗洛在论文《赤贫者的经济生活》(The Economic Lives of the Very Poor)中给出的数据。我们参考了尼古拉斯·霍布森和他的同事们的几项研究，包括《当新异仪式导致群际偏见：经济学博弈和神经生理学的证据》(When Novel Rituals Lead to Intergroup Bias: Evidence from Economic Game and Neurophysiology)以及《仪式中的心理学：综合回顾和基于过程的框架》(The Psychology of Rituals: An Integrative Review and Process-Based Framework)。（NPR《早间新闻》节目中的《隐藏的大脑》故事也提到过霍布森。）我们还参考了人类学家季米特里斯·西亚加拉塔斯及其同事们的大量研究；如果你对西亚加拉塔斯的研究感兴趣的话，可以在电子杂志《万古》(Aeon)上阅读他对该研究的描述——文章名为《火之审判》(Trial by Fire)。

223

妄想的悖论

第九章

《民族是什么？》(What Is a Nation?)最开始是法国历史学家埃内斯特·勒南在1882年做的一场演讲，之后演讲稿被不断再版、讨论，这一点恰恰说明了关于这个问题人们一直没有得出一个满意的答案。政治学家本尼迪克特·安德森所著的《想象的共同体》，首次出版于1983年，至今仍是国家和民族主义领域相关度最高、最重要的著作之一。

在以色列历史学家尤瓦尔·赫拉利的书《人类简史》中，有一章精彩地讲解了人类独有的编故事的能力和喜欢编故事这两点的价值。这是一部非常杰出的著作，如果你对妄想在社会发展初期和世界构造中起到的作用感兴趣，这本书作为拓展阅读再合适不过。

关于ISIS恐怖分子的心理和动机的大量研究的相关内容来自尚卡尔和斯科特·阿特兰的一场访谈。如果想有进一步了解，各位可以去读一读《忠诚的参与者的战斗意愿和人类斗争的精神维度》(The Devoted Actor's Will to Fight and the Spiritual Dimension of Human Conflict)，这是斯科特·阿特兰和同事们共同撰写的一篇论文。阿特兰也在《隐藏的大脑》播客《激进化背后的心理因素：恐怖组织是如何吸引年轻人加入的》(The Psychology of Radicalization: How Terrorist Group Attract Young Followers)这期节目中出演过。

文中引用的斯拉沃热·齐泽克的话来自斯洛文尼亚纪录片《休斯敦，我们有麻烦了！》(Houston, We Have a Problem!)。

第十章

在写本章内容时，我们参考了大量的访谈和著作，这些对于各位读者来说都是有用的拓展阅读材料。恩斯特·贝克尔的《拒斥死亡》，出版于1973年，书中对于死亡意识如何塑造了我们的生活的

注　释

探讨引人深思。同样能带给我们启示的还有《怕死：人类行为的驱动力》(*The Worm at the Core*)，作者是心理学家谢尔登·所罗门、杰夫·格林伯格和汤姆·匹茨辛斯基。如果你对恐惧管理理论感兴趣，请一定不要错过这本书。另外，史蒂芬·科夫的著作《长生不老》(*Immortality*)总结了各种与人类对永生的追求相关的理论。除了这些书以外，在《隐藏的大脑》播客《我们都会死！》(We're All Gonna Die!)和《我们都会永生不死！》(We're All Going to Live Forever!)这两期节目中可以收听到尚卡尔和科夫以及所罗门的深度访谈。尚卡尔在《华盛顿邮报》任职时对杰夫·格林伯格和汤姆·匹茨辛斯基的采访也同样值得一读。杰西·贝林（Jesse Bering）的书，《如何活出生命的意义》(*The Belief Instinct*)，科学地解读了信念、信仰以及人类心理机制和死亡意识的相互作用。神经科学家 V. S. 拉马钱德兰的论文《自我欺骗、大笑、白日梦和抑郁的进化生物学：疾病感缺失的线索》(The Evolutionary Biology of Self-Deception, Laughter, Dreaming and Depression: Some Clues from Anosognosia)记载了他对自我欺骗的起源的深思。他的书《脑中魅影》(*Phantoms in the Brain*)则就妄想的神经方面的起源提出了一些有趣的见解。同样值得一读的还有伊恩·麦吉尔克里斯特的《主人和他的使者》。

我们对埃及人来世观点的讨论主要是依据《亡灵书：在古埃及成为神》(*Book of the Dead: Became God in Ancient Egypt*)，这本书汇编了芝加哥大学东方研究所发表的一系列论文。托马斯·霍温（Thomas Hoving）的书《图坦哈蒙：不为人知的故事》(*Tutankhamun: The Untold Story*)详尽地记录了埃及最伟大的考古发现，让我们得以了解到有关埃及埋葬仪式的大量细节内容。

尚卡尔在《隐藏的大脑》播客《创造神》(Creating God)这期节目中和阿齐姆·谢里夫详尽地讨论了他关于宗教的"文化进化"的观点。

225

妄想的悖论

尾声

有关朱莉·欧文·齐默尔曼的相关内容可以在《隐藏的大脑》播客《对着虚无尖叫》（Screaming Into the Void）这期节目中收听到。对错误信念和阴谋论的心理成因感兴趣的读者一定不要错过珍妮弗·惠特森和亚当·加林斯基发表在《科学》杂志上的论文《缺乏掌控会增强虚幻的模式知觉》（Lacking Control Increase Illusory Pattern Perception）。

参考文献

Lauren Alloy and Lyn Abramson, "Judgement of Contingency in Depressed and Nondepressed Students: Sadder but Wiser?" *Journal of Experimental Psychology* 108, no. 4 (1979): 441–485.

Dan Ariely, *The Honest Truth About Dishonesty* (New York: Harper Perennial, 2012).

Jeff Aronson, "Please, Please Me," *The BMJ* 318 (Mar. 13, 1999): 716.

Emily Balcetis et al., "Affective Signals of Threat Increase Perceived Proximity," *Psychological Science* 24, no. 1 (2012): 34–40.

Emily Balcetis et al., "Focused and Fired Up: Narrowed Attention Produces Perceived Proximity and Increases Goal-Relevant Action," *Motivation and Emotion* 38, no. 6 (2014): 815–822.

Emily Balcetis and David Dunning, "See What You Want to See: Motivational Influences on Visual Perception," *Journal of Personality and Social Psychology* 91, no. 4 (2006): 612–625.

Emily Balcetis and David Dunning, "Wishful Seeing: More Desired Objects Are Seen as Closer," *Psychological Science* 21, no. 1 (2010): 147–152.

Emily Balcetis, "Wishful Seeing," *The Psychologist*, Apr. 6, 2019.

Abhijit V. Banerjee and Esther Duflo, "The Economic Lives of the Very Poor," *Journal of Economic Perspectives* 21, no. 1 (2007): 141–168.

Dick Barelds and Pieternel Dijkstra, "Positive Illusions about a Partner's Personality and Relationship Quality," *Journal of Research in Personality* 45 (2011): 37–43.

Rebecca Rego Barry, "Inside the Operating Theater: Early Surgery as Spectacle," *JSTOR Daily*, Dec. 9, 2015.

Andreas Bartels and Semir Zeki, "The Neural Correlates of Maternal and Romantic Love," *NeuroImage* 21 (2003): 1155–1166.

Ernst Becker, *The Denial of Death* (New York: The Free Press, 1973).

Daniel Bergner, "The Most Unconventional Weapon," *New York Times*, Oct. 26, 2003.

Mark Best et al., "Evaluating Mesmerism, Paris, 1784: The Controversy over the Blinded Placebo Controlled Trials Has Not Stopped," *Quality and Safety in Health Care* 12, no. 3 (2003): 232–233.

Matthias Bopp et al., "Health Risk or Resource? Gradual and Independent Association between Self-Rated Health and Mortality Persists Over 30 Years," *PLoS One* 7:e30795 (2012).

妄想的悖论

Susan Boyce and Alexander Pollatsek, "Identification of Objects in Scenes: The Role of Scene Background in Object Naming," *Journal of Experimental Psychology: Learning, Memory, and Cognition* 18, no. 3 (1992): 531–543.

Penelope Brown, "Everyone Has to Lie in Tzeltal," in *Talking to Adults*, ed. Shoshana Blum-Kulka and Catherine E. Snow (Mahwah, NJ: Lawrence Erlbaum, 2002), 241–275.

Jerome Bruner and Cecile Goodman, "Value and Need as Organizing Factors in Perception," *Journal of Abnormal and Social Psychology* 42, no. 1 (1947): 33–44.

Stephanie Bucklin, "Depressed People See the World More Realistically," *Tonic*, June 22, 2017.

Ken Burns and Dayton Duncan, *The Dust Bowl: An Illustrated History* (San Francisco: Chronicle Books, 2012).

Stephen Cave, *Immortality* (New York: Crown Publishers, 2012).

Sara Chandros Hull et al., "Patients' Attitudes about the use of Placebo Treatments: Telephone Survey," *The BMJ* 347 (2013): f3757.

Leonard A. Cobb et al., "An Evaluation of Internal-Mammary-Artery Ligation by a Double-Blind Technic," *New England Journal of Medicine* 260 (1959): 1115–1118.

Emma Cohen et al., "Rower's High: Nehavioural Synchrony Is Correlated with Elevated Pain Thresholds," *Journal of the Royal Society: Biology Letters* 6 (2010): 106–108.

Mechelle Colombo and John T. Kinder, "Italian as a Language of Communication in Nineteenth-Century Italy and Abroad," *Italica* 89, no. 1 (2012): 109–121.

Richard Dawkins, *The God Delusion* (Boston: Houghton Mifflin Company, 2006).

Alain de Botton, "Why You Will Marry the Wrong Person," *New York Times*, May 28, 2016.

John Deighton and Kent Grayson, "Marketing and Seduction: Building Exchange Relationships by Managing Social Consensus," *Journal of Consumer Research* 21 (Mar. 1995).

Bella DePaulo et al., "Lying in Everyday Life," *Journal of Personality and Social Psychology* 70, no. 5 (1996): 979–995.

Joel Dimsdale, *Survivors, Victims, and Perpetrators: Essays on the Nazi Holocaust* (Baskerville: Hemisphere Publishing, 1951).

Gerald Echterhoff, René Kopietz and E. Tory Higgins, "Adjusting Shared Reality: Communicators' Memory Changes as Their Connection with Their Audience Changes," *Social Cognition* 31, no. 2 (2013): 162–186.

Timothy Egan, *The Worst Hard Time* (Boston: Houghton Mifflin, 2006).

Nicholas Epley and Erin Whitchurch, "Mirror, Mirror on the Wall: Enhancement in Self-Recognition," *Personality and Social Psychology Bulletin* 34, no. 9 (2008): 1159–1170.

Joseph Esherick, *The Origins of the Boxer Uprising* (Berkeley: University of California Press, 1987).

Robert Feldman, *Liar: The Truth about Lying* (New York: Virgin, 2009).

Leo Festinger et al., *When Prophecy Fails* (Minneapolis: University of Minnesota Press, 1956).

Benjamin Franklin et al., "Report of the Commissioners Charged by the King with the Examination of Animal Magnetism," reprinted in the *International Journal of Clinical and Experimental Hypnosis* 50, no. 4 (2002): 332–363.

Sigmund Freud, "Obsessive Actions and Religious Practices," *The Standard Edition of the Complete Psychological Works of Sigmund Freud*, vol. IX (1906–1908): *Jensen's "Gradiva" and Other Works*.

参考文献

Jane Fruehwirth, "Religion and Depression in Adolescence," *Journal of Political Economy* 127, no. 3 (2019): 1178–1209.

Josh Garret-Davis, "Ghost Dances on the Great Plains," *Guernica*, July 16, 2012.

Aaron Garvey, Frank Germann and Lisa Bolton, "Performance Brand Placebos: How Brands Improve Performance and Consumers Take the Credit," in *Advances in Consumer Research* vol. 43, ed. Kristin Diehl and Carolyn Yoon (Duluth, MN: Association for Consumer Research, 2015), 163–169.

Peter Gay, *The Freud Reader* (New York: W. W. Norton, 1989).

Ángel Gómez, Scott Atran et al., "The Devoted Actor's Will to Fight and the Spiritual Dimension of Human Conflict," *Nature Human Behaviour* 1 (2017): 673–679.

Jochim Hansen et al., "When the Death Makes You Smoke: A Terror Management Perspective on the Effectiveness of Cigarette On-pack Warnings," *Journal of Experimental Social Psychology* 46 (2010): 226–228.

Noah Yuval Harari, *Sapiens* (New York: Harper Collins, 2011).

Gail D. Heyman, Diem H. Luu and Kang Lee, "Parenting by Lying," *Journal of Moral Education* 38, no. 3 (2009): 353–369.

Nicholas M. Hobson et al., "The Psychology of Rituals: An Integrative Review and Process-Based Framework," *Personality and Social Psychology Review* 22, no. 3 (2018): 260–284.

Nicholas M. Hobson et al., "When Novel Rituals Lead to Intergroup Bias: Evidence from Economic Games and Neurophysiology," *Psychological Science* 28, no. 6 (2017): 733–750.

Donald Hoffman, *The Case against Reality: Why Evolution Hid the Truth from Our Eyes* (New York: W. W. Norton, 2019).

Thomas Hoving, *Tutankhamun: The Untold Story* (New York: Cooper Square Press, 2002).

Mathew Hutson, "The Power of Rituals," *Boston Globe*, Aug. 18, 2016.

Louis Kaplan, *The Strange Case of William Mumler, Spirit Photographer* (Minneapolis: University of Minnesota Press, 2008).

Ted Kaptchuk et al., "Placebos without Deception: A Randomized Controlled Trial in Irritable Bowel Syndrome," *PLoS ONE* 5, no. 12 (2010): e15591.

Ted Kaptchuk et al., "Sham Device v Inert Pill: Randomized Controlled Trial of Two Placebo Treatments," *British Medical Journal* 332 (2006): 391–397.

Virginia S. Y. Kwan et al., "Assessing the Neural Correlates of Self-enhancement Bias: A Transcranial Magnetic Stimulation Study," *Experimental Brain Research* 182 (2007): 379–385.

Marin Lang et al., "Effects of Anxiety on Spontaneous Ritualized Behavior," *Current Biology* 25 (2015): 1892–1897.

Irwin Levin and Gary Gaeth, "How Consumers Are Affected by the Framing of Attribute Information Before and After Consuming the Product," *Journal of Consumer Research* 15, no. 3 (1988): 374–378.

Claude-Anne Lopez, "Franklin and Mesmer: An Encounter," *Yale Journal of Biology and Medicine* 66 (1993): 325–331.

Larissa MacFarquhar, "The Comforting Fictions of Dementia Care," *New Yorker*, Oct. 1, 2018.

Spyros Makridakis and Andreas Moleskis, "The Costs and Benefits of Positive Illusions," *Frontiers in Psychology* 6, no. 859 (2015).

Jon Maner et al., "The Implicit Cognition of Relationship Maintenance: Inattention to Attractive Alternatives," *Journal of Experimental Social Psychology* 45 (2009): 174–179.

Sandra Manninen et al., "Social Laughter Triggers Endogenous Opioid Release in Humans,"

妄想的悖论

Journal of Neuroscience 37, no. 25 (2017): 6125–6131.

Peter Manseau, *The Apparitionists: A Tale of Phantoms, Fraud, Photography and the Man Who Captured Lincoln's Ghost* (New York: Houghton Mifflin Harcourt, 2017).

John De Marchi, *The Immaculate Heart: The True Story of Our Lady of Fatima* (New York: Farrar, Straus and Young, 1952).

Dan Marom, Alicia Robb and Orly Sade, "Gender Dynamics in Crowdfunding (Kickstarter): Evidence on Entrepreneurs, Investors, Deals and Taste-Based Discrimination," *SSRN* (2016), https://papers.ssrn.com/sol3/papers.cfm?abstract_id=2442954.

Toshihiko Maruta et al., "Optimists vs Pessimists: Survival Rate among Medical Patients over a 30-Year Period," *Mayo Clinic Proceedings* 75 (2000): 140–143.

Iain McGilchrist, *The Master and His Emissary* (New Haven: Yale University Press, 2009).

Murray G. Millar and Karen Millar, "Detection of Deception in Familiar and Unfamiliar Persons: The Effects of Information Restriction," *Journal of Nonverbal Behavior* 19 (1995): 69–84.

Rowland Miller, "Inattentive and Contented: Relationship Commitment and Attention to Alternatives," *Journal of Personality and Social Psychology* 73, no. 4 (1997): 758–766.

Whet Moser, "Apocalypse Oak Park: Dorothy Martin, the Chicagoan Who Predicted the End of the World and Inspired the Theory of Cognitive Dissonance," *Chicago*, May 20, 2011.

Sandra L. Murray, John G. Holmes and Dale W. Griffin, "The Benefits of Positive Illusions: Idealization and the Construction of Satisfaction in Close Relationships," *Journal of Personality and Social Psychology* 70, no. 1 (1996): 79–98.

Ara Norenzayan and Ian G. Hansen, "Belief in Supernatural Agents in the Face of Death," *Personality and Social Psychology Bulletin* 32, no. 2 (2006): 174–187.

Paul Novotny et al., "A Pessimistic Explanatory Style Is Prognostic for Poor Lung Cancer Survival," *Journal of Thoracic Oncology* 5, no. 3 (Mar. 2010): 326–332.

Nathan Nunn and Raul Sanchez de la Sierra, "Why Being Wrong Can Be Right: Magical Warfare Technologies and the Persistence of False Beliefs," *American Economic Review Papers and Proceedings* 107, no. 5 (2017): 582–587.

Emily Ogden, *Credulity: A Cultural History of U.S. Mesmerism* (Chicago: University of Chicago Press, 2018).

Elaine Pagels, *Why Religion?* (New York: Harper Collins, 2018).

Marvin Perry and Frederick M. Schweitzer, *Antisemitism: Myth and Hate from Antiquity to the Present* (New York: Palgrave Macmillan, 2002).

Hilke Plassmann et al., "Marketing Actions Can Modulate Neural Representations of Experienced Pleasantness," *Proceedings of the National Academy of Sciences* 105 (2008): 1050–1054.

Robert M. Poole, "How Arlington Cemetery Came to Be," *Smithsonian Magazine*, Nov. 2009.

Christine Porath and Amir Erez, "Does Rudeness Really Matter? The Effects of Rudeness on Task Performance and Helpfulness," *Academy of Management Journal* 50, no. 5 (2007): 1181–1197.

Diana Preston, *The Boxer Rebellion: The Dramatic Story of China's War on Foreigners That Shook the World in the Summer of 1900* (New York: Berkley Books, 1999).

Benjamin Radford, "The Lady of Fátima and the Miracle of the Sun," *Live Science*, May 2, 2013.

V. S. Ramachandran, *A Brief Tour of Human Consciousness* (New York: Pi Press, 2004).

V. S. Ramachandran, "The Evolutionary Biology of Self-Deception, Laughter, Dreaming and

参考文献

Depression: Some Clues from Anosognosia," *Medical Hypotheses* 47 (1996): 347–362.

V. S. Ramachandran and Sandra Blakeslee, *Phantoms in the Brain* (New York: Harper Perennial, 1998).

Geoffrey M. Reed et al., "Realistic Acceptance as a Predictor of Decreased Survival Time in Gay Men with AIDS," *Health Psychology* 13, no. 4 (1994): 299–307.

Research Council of Norway, "World's Oldest Ritual Discovered—Worshipped the Python 70,000 Years Ago," *Science Daily*, Nov. 30, 2006.

Frances Romero, "A Brief History of Unknown Soldiers," *Time*, Nov. 11, 2009.

David Roth and Rick Ingram, "Factors in the Self-Deception Questionnaire: Associations with Depression," *Journal of Personality and Social Psychology* 48, no. 1 (1985): 243–251.

Harvey Sacks, "Everybody Has to Lie," in *Sociocultural Dimensions of Language Use*, ed. Ben G. Blount and Mary Sanches (New York: Academic Press, 1975), 57–80. Reference to this as the first written version of this paper is in "Truth Is, Everyone Lies All the Time," *The Conversation*, May 13, 2012.

Foy Scalf, ed., *Book of the Dead: Becoming God in Ancient Egypt* (Chicago: Oriental Institute of the University of Chicago, 2017).

Azim Shariff and Ara Norenzayan, "Mean Gods Make Good People: Different Views of God Predict Cheating Behavior," *International Journal for the Psychology of Religion* 21 (2011): 85–96.

Azim Shariff and Ara Norenzayan, "God Is Watching You," *Psychological Science* 18, no. 9 (2007): 803–809.

Baba Shiv, Ziv Carmon and Dan Ariely, "Placebo Effects of Marketing Actions: Consumers May Get What They Pay For," *Journal of Marketing Research* 42 (Nov. 2005): 383–393.

Sheldon Solomon, Jeff Greenberg and Tom Pyszczynski, *The Worm at the Core* (New York: Random House, 2015).

Jason Steinhauer, "The Indians' Capital City: Native Histories of Washington D.C.," *Library*, Mar. 27, 2015.

Pamela Stewart and Andrew Strathern, eds., *Ritual* (New York: Routledge, 2010).

Sheryl Gay Stolberg, "Sham Surgery Returns as a Research Tool," *New York Times*, Apr. 25, 1999.

Viren Swami, Lauren Waters and Adrian Furnham, "Perception and Meta-perceptions of Self and Partner Physical Attractiveness," *Personality and Individual Differences* 49 (2010): 811–814.

Thomas Szasz, *The Myth of Psychotherapy: Mental Healing as Religion, Rhetoric, and Repression* (Syracuse, NY: Syracuse University Press, 1978).

Margaret Talbot, "The Placebo Prescription," *New York Times*, Jan. 9, 2000.

Shelley Taylor and David Armor, "Positive Illusions and Coping with Adversity," *Journal of Personality* 64, no. 4 (1996): 873–898.

Shelley Taylor and Jonathan Brown, "Illusion and Well-Being: A Social Psychological Perspective on Mental Health," *Psychological Bulletin* 103, no. 2 (1988): 193–210.

Shelley Taylor, *Positive Illusions* (New York: Basic Books, 1989).

Robert Trivers, *The Folly of Fools: The Logic of Deceit and Self-Deception in Human Life* (New York: Basic Books, 2011).

Christopher Turner, "Mesmeromania, or, the Tale of the Tub," *Cabinet*, Spring 2006.

Eric Vance, *Suggestible You* (Washington: National Geographic, 2016).

妄想的悖论

Helga Varden, "Kant and Lying to the Murderer at the Door . . . One More Time: Kant's Legal Philosophy and Lies to Murderers and Nazis," *Journal of Social Philosophy* 41, no. 4 (2010): 403–421.

Ajit Varki and Danny Brower, *Denial: Self-Deception, False Beliefs, and the Origins of the Human Mind* (New York: Twelve, 2013).

Laura Wallace et al., "Does Religion Stave Off the Grave? Religious Affiliation in One's Obituary and Longevity," *Social Psychological and Personality Science* 10, no. 5 (2019): 662–670.

Rachel E. Watson-Jones and Christine Legare, "The Social Functions of Group Rituals," *Current Directions in Psychological Science* 25, no. 1 (2016): 42–46.

Gene Weingarten "Pearls Before Breakfast," *Washington Post*, Apr. 8, 2007.

Alison Wood Brooks et al., "Don't Stop Believing: Rituals Improve Performance by Decreasing Anxiety," *Organizational Behavior and Human Decision Processes* 137 (2016): 71–85.

Honor Whiteman, "Laughter Releases 'Feel Good Hormones' to Promote Social Bonding," *Medical News Today*, Jun. 3, 2017.

Jennifer Whitson and Adam Galinsky, "Lacking Control Increases Illusory Pattern Perception," *Science* 322 (Oct. 3, 2008): 115.

Dimitris Xygalatas et al., "Extreme Rituals Promote Prosociality," *Psychological Science* 20, no. 10 (2012): 1–4.

Dimitris Xygalatas, "Trial by Fire," *Aeon*, https://aeon.co/essays/how-extreme-rituals-forge-intense-social-bonds.

Useful Delusions: The Power and Paradox of the Self-Deceiving Brain by Shankar Vedantam, Bill Mesler

Copyright © 2021 by Shankar Vedantam and Bill Mesler

Simplified Chinese language edition published in agreement with Sterling Lord Literistic, through The Grayhawk Agency Ltd.

Simplified Chinese language edition © 2023 China Renmin University Press Co., Ltd

All Rights Reserved.

图书在版编目（CIP）数据

妄想的悖论：人性中自我欺骗的力量 /（美）尚卡尔·韦丹塔姆（Shankar Vedantam），（美）比尔·梅斯勒（Bill Mesler）著；杨宇昕译. —— 北京：中国人民大学出版社，2023.4

书名原文：Useful Delusions: The Power and Paradox of the Self-Deceiving Brain

ISBN 978-7-300-31473-0

Ⅰ.①妄… Ⅱ.①尚… ②比… ③杨… Ⅲ.①欺骗—自我控制—研究 Ⅳ.①B824.2

中国国家版本馆CIP数据核字（2023）第035656号

妄想的悖论

人性中自我欺骗的力量

[美] 尚卡尔·韦丹塔姆 著
     比尔·梅斯勒

杨宇昕　译

Wangxiang de Beilun

出版发行	中国人民大学出版社		
社　　址	北京中关村大街31号	邮政编码	100080
电　　话	010-62511242（总编室）	010-62511770（质管部）	
	010-82501766（邮购部）	010-62514148（门市部）	
	010-62515195（发行公司）	010-62515275（盗版举报）	
网　　址	http://www.crup.com.cn		
经　　销	新华书店		
印　　刷	北京昌联印刷有限公司		
开　　本	890 mm × 1240 mm　1/32	版　次	2023年4月第1版
印　　张	8　插页2	印　次	2023年4月第1次印刷
字　　数	164 000	定　价	48.00元

版权所有　　侵权必究　　印装差错　　负责调换